執器問道 追隨建築

陈文东　著

中国建筑工业出版社

序一

倪阳

全国勘察设计大师
华南理工大学建筑设计研究院有限公司董事长、总建筑师

陈文东博士十几年来一直坚持在建筑创作的一线，在工程实践过程中不断思考和总结，逐步形成了自己的产、学、研工作模式和团队协作方法。2023年5月，我们一起组建了中山大学附属第六医院珠吉院区项目投标团队，成功中标后，又一起艰苦奋斗并顺利完成了设计任务。在这个过程中，我见证了他的成长，也欣赏他扎实稳健的工作作风和出色的工作能力。陈文东是我的晚辈，也是华南理工大学建筑设计研究院的后起之秀，他请我为他的新书作序，我自然是欣然答应的。

陈文东是个爱思考的人。他对建筑的思考首先源于对中国传统文化的热爱，他痴迷传统绘画、书法艺术。一幅《千里江山图》，他通过从形式、意境和技巧多方面反复品读分析，认为"抽象、提炼、赋意"是这幅传世之作的核心理念，它既具有宏观格局又能从细微处下功夫，从自然中来又高于自然，观《千里江山图》就如行在图中。他的建筑设计当中，往往融会了不同的艺术表现形式，我们可以看到传统的城市、园林建构中"境不止思"的特点，即营造出与天地宇宙秩序发生内在关联的场域，时间、空间、人是被全面关照的对象。在"象天法地"的法则下，形成了"发于环境、立足场所、升华氛围、激发情感"的独特设计理念。

西方现代主义建筑大师勒·柯布西耶、路易斯·康的理念也对他产生过很大的影响。这两位建筑大师的成长轨迹充分体现了建筑设计要"从传统中来，到现实中去"的创新求变的思路。两位大师的作品中隐含在具象物质空间

表象下的精神性特质也同样可以用"发于环境、立足场所、升华氛围、激发情感"来解读分析，这也表明了他对大师理念的继承与发展。

陈文东建筑学专业本硕博均就读于华南理工大学，有着非常扎实的专业基础，硕博连读受教于何镜堂院士门下，其创作理念和设计方法也深受何院士"两观三性"理论的影响。同时，在我们交流的过程中，他也谈及，他的"发于环境、立足场所、升华氛围、激发情感"设计理念是受我"关联设计"中的"时、地、人"三个维度的启发，我很高兴我们能有这样的思想共鸣。在工作过程中，华工设计务实诚信、勇于拼搏、锐意创新的精神也给他很多深层次的积极影响。

"发于环境、立足场所"是基于建筑的地域性，"升华氛围、激发情感"是立足于建筑的文化性。这四个合在一起恰好体现了建筑的时代性特征，这也可以认为是他在用自己的方式传承何镜堂院士的"两观三性"，试图通过物质空间环境"器"的营造，唤起空间体验者情感共鸣的"道"，即建筑精神性的追求，这也是本书所呈现出来的建筑理念。

他把"执器问道"理念融入创作实践当中，并在实践过程中不断地深化和修正其建筑观。在岭南建筑学术交流展示中心的设计中，采用"微介入、大激活"的策略，充分激活岭南明清古建筑群的基因，使之更好地融入当下的校园生活。他在原有的建筑群中引入了一个向心的八角亭，这个虚空间成为连接不同年代、不同功能、不同形式建筑的媒介。这个媒介以最轻微的介入方式——最少的建筑语言、最简单的建筑材料、最简易的安装建造方式，营造出建筑群独具特色的精神内涵，即以文化根脉为聚落核心。丰富的对话关联激发了自然与建筑、人与空间强烈的互动氛围，这种氛围有助于大众体验和理解建筑师对超越时间和空间对话的场所建构的追求。

在三亚市崖州区水南幼儿园的设计中，他遵循当地对于建筑的严格规定，通过体形、色彩、高度等特色设计，在无序的空间当中寻找有序，在碎片当中形成整体，使得该作品既是一个独立的建筑，也跟周边环境互联互通，水乳交融，形成了独特的"水南肌理"——"发于环境、立足场所"。该建筑不仅在城市关系、建筑体量和尺度等方面得体、优雅，还显示出它作为文化启蒙、传承的机构的重要作用，它似乎在传递着一种力量，无论周遭环境如何，文化总是我们民族的"芯"，教育总是我们社会的那一方净土、社会的桃花源，也是我们心中的桃花源。净地藏诗意，文化焕新风。观水南幼儿园的建筑风格，不禁让人们回到北宋太宗年间宰相卢多逊《水南村》中"却疑身世在桃源"的美好境界——"升华氛围、激发情感"。

从这些设计中可以看出，传统经验、大师思想、"两观三性"、"关联设计"对他的深刻影响，陈文东的独特之处就在于传承、融会、发展，在一个个具体的案例中践行"执器问道"，其探索和思考是值得肯定的。希望未来能看到他在创作实践和理论思考方面呈现更多更精彩的成果。

序二

罗建河

广东省工程勘察设计大师
华南理工大学建筑设计研究院有限公司党委书记、总经理

1998 年 9 月，广州的初秋骄阳似火，华南理工大学建筑学院新生入学典礼上，我正和林老师用家乡话聊天，坐在后排的一个新生主动跟我们打招呼，说他来自海丰，这是我第一次见到陈文东。我想，我们的缘分大概就是从那时候开始的吧，算起来已经快 27 个年头了。当时我已在华南理工大学建筑设计研究院工作，他从读本科开始，就经常到我这里实习。2003 年，他又考上了何镜堂院士的硕士研究生，从此成了我名正言顺的师弟。硕博连读他仅花了五年半时间，算是比较快完成学业的博士之一。毕业后留在华南理工大学建筑设计研究院二院工作至今，2014 年成为硕士研究生导师，逐步走上了产、学、研一体化的创作道路。

本科期间他曾参与我的一个项目，是华南理工大学 29 号楼的施工图设计，这算是他第一次真正接触到华工设计院的项目，该项目最后获得了广东省勘察设计三等奖，对于当时的他来说算是一个重要的鼓励和鞭策。在他读研期间，我们也偶有项目上的沟通与合作，在我的印象中，他一直是个有责任心、谦虚且团队合作能力强的人。

他博士毕业 17 年来一直坚持在建筑创作的第一线，不断思考、总结、提升，有很多独具特色的成果。即使在行业面临发展瓶颈的特殊时期，也不曾放弃初心，保持着乐观、积极、上进的心态，不时向我报告所取得的阶段性成果和一些新的想法，我欣然于他的进步，也认同并欣赏他的这种工作状态。

建筑设计之余，他还主持了 2024 年和 2025 年广州市天河迎春花市的总体规划和牌楼设计，引发了很好的社会效应，跨界合作的成功使我对他的创新能力又有了进一步的认识。我也是其 2025 年广州市天河奥体迎春花市设计团队的顾问，这个项目虽然不大，但我认为它是一项非

常有意义的工作。在项目进行过程中，陈文东带领团队经过激烈的竞争最终获得了设计权，又决定以华南理工大学建筑设计研究院的名义把设计费捐给天河区，用于资助残疾儿童的救治和康复，他以自己的实际行动响应了2025年第十五届全运会及残特奥会（全国第十二届残疾人运动会暨第九届特殊奥林匹克运动会）"追梦大湾区，出彩人生路"的主题。追求梦想，展现精彩人生，对社会的大爱情怀是华工设计的宗旨，也是我们作为建筑师的社会责任，在这一点上我和他有颇多共鸣。

多年来，经过一个又一个项目的历练，陈文东形成了自己的团队观和相对稳定的团队协作模式，展现出一个优秀建筑师的职业修养。大到19.8万平方米的中山大学附属第六医院珠吉院区，小到2024年、2025年天河区花市牌楼整体设计，他都能带领团队攻坚克难，顺利完成设计任务，既展现出华工设计的团队作战水平，也体现了个人在团队协作过程中过硬的统筹协调、综合调度及核心凝聚的能力。这种坚守与勇于攻坚克难的精神和担当在当前行业面临发展困境时尤为可贵。

在华南理工大学建筑设计研究院这个高水平的产、学、研平台上，他不仅专注于建筑设计本身，还在建筑创作上涉猎甚广。其创作没有固化定型为某种单一功能的建筑类型，也没有使用某种固化的设计手法，而是尽可能地在不同的领域拓展，取得了一系列成果。例如，文化博览建筑（博兴市民文化中心、获2017年度教育部优秀工程勘察设计优秀建筑工程二等奖的东莞长安镇青少年宫）、校园规划（获2023年度教育部优秀勘察设计规划设计三等奖的广东建设职业技术学校清远校区、入选第三版《建筑设计资料集》中小学优秀案例的东莞长安镇实验小学）、医疗建筑（2025年在建的19.8万平方米的中山大学附属第六医院珠吉院区）、景观设计（广州市第一人民医院外部公共空间整体提升改造）、更新改造（华南理工大学大学城校区民居改造、广东省人民医院餐厅楼改造）、重要节事庆典的整体规划及地标构筑物设计（2024年、2025年连续两年的广州天河花市规划及牌楼设计）等，均取得了良好的社会效益和经济效益，这些探索和努力是有目共睹的。

他的建筑创作也并非简单地批量化生产，每个项目他都深入调研和分析其独特的环境要素，敏锐地捕捉各个场地的与众不同之处，比如当地的文化习俗、地形走势，哪怕是再杂乱的环境，都能依时定势地拿出有针对性的、最合适的设计策略。

这本书所呈现出来的六个实践案例，较全面地展现了他在创作实践中的思考和探索，即"通过打造个性化、物质性的具象空间，唤起空间体验者的情感共鸣，从而追寻现代建筑的精神性特质"。在对"器"与"道"的不懈思辨和努力求索中，把抽象的理论思考物化为具体的工程实践，尝试以建筑的方式来呈现，这是一个不断追寻、思考和反复实践的过程。在这个摸索的过程中，陈文东很好地继承了岭南建筑学派开拓创新的精神，形成了其特有的建筑创作观，也具有建筑师的社会责任担当，这是个可喜的收获。

《执器问道 追随建筑》是陈文东在建筑创作和理论思考过程中取得的阶段性成果的总结和汇报，虽然在理论思考和创作实践方面仍有较大的提升空间，但总体而言体现了其独特性的成果，我希望他能百尺竿头、更进一步，继续思辨"器道"，在追寻建筑的道路上越走越远，给社会带来更多更成熟的建筑创作和更多的理论思考。

理念总述

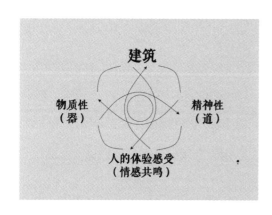

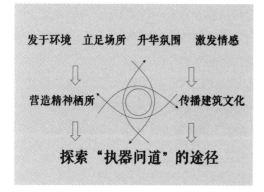

建筑是物质性和精神性的统一体，其中物质性是相对显性的元素，往往通过造型、功能、空间、结构等方面呈现出来，是相对容易学习和掌握的内容，也是建筑最基本的属性。

好的建筑空间环境不仅要积极回应人的功能需求，还应展现对体验者内心情感需求的关照，在深层次体现出人与建筑之间微妙而复杂的关系。建筑设计更为重要的使命，是在人和物（空间）之间架构起适宜、得体的情感桥梁。建筑师通过自身的努力，洞察场所可能潜存的精神特质，或通过空间的实体营造，传达其个性化的精神感悟，唤起空间体验者的情感共鸣，激发体验者个人化的情感感受，进而反过来凸显建筑空间的精神性特质。

好的建筑往往通过恰当的设计技巧呈现出良好的物质性特征，同时通过物质性的充分展示，将人的主观体验、精神性感受很好地体现出来。因而建筑的物质性是通向精神性的必要媒介。

建筑的精神性虽由建筑物质性传递出来，但人的体验感受才是建筑精神性得以体现的途径，也就是说没有人就没有建筑的精神性。这是建筑师认知社会、表达思想的一个重要方式。从这个意义上来说，建筑之于建筑师，正如文字之于作家、乐曲之于作曲家、绘画之于画家。

建筑策略与空间营造方法，是营造供人体验的物质性空间环境的"器"，通过"器"唤醒空间体验者的情感共鸣，从而解决建筑的终极问题，是"道"。通过对"器"的创作与营造，建筑师的目的在于探寻更为本质的建筑之"道"。

传统城市及园林营造最大的特点在于"境不止思"，营造出来的场所是与天地宇宙秩序发生内在关联的场域，因而轴线不会止于

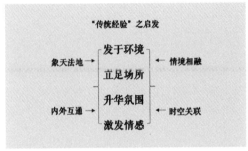

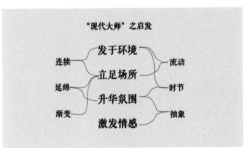

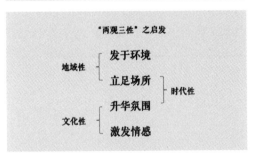

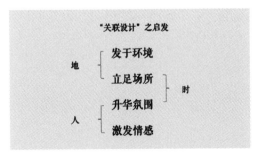

皇城，园林不停于园也不限于建筑，营建思想也不被具体空间所束缚。

在空间营造方面，天、地、人是被全面关照的对象，"象天法地"法则下，形成了特殊的"发于环境、立足场所、升华氛围、激发情感"传统营建精髓，这是值得中国现代建筑不断学习和挖掘的传统精髓。

时间、空间、人，这三个现代建筑最核心的元素，以抽象的方式在建筑中呈现；连续、延绵、渐变、流动、时节、抽象（建筑六式），这六种创作特征在现代主义大师身上一以贯之，给人以全新的空间体验感受。特别的时间、空间、人的关系处理方式，唤起了空间体验者特殊的情感反应。

我用"建筑六式"这些技术措施和手段去实现本书六个项目的物质空间环境，最主要的目的是希望通过空间环境氛围的营造，探讨形而上的"建筑之道"——建筑精神性的提炼与表达。

基于对"两观三性"理论的深入领会，"发于环境、立足场所"是基于建筑的地域性，"升华氛围、激发情感"是立足于建筑的文化性。这四个合在一起恰好体现了建筑的时代性特征。

受"关联设计"的启发，我的关注点又重新回到"人"这个层面上来。通过"发于环境、立足场所、升华氛围、激发情感"实现"执器问道"。

我试图通过物质空间环境"器"的营造，唤起空间体验者情感共鸣的"道"，即建筑精神性的追求，这也是本书所呈现出来的建筑理念。

传播建筑文化、营造精神栖所，是我的社会使命。

目录

绪言

执器问道　筑梦随行

1　十年求索，略有小得

2003 年有幸拜读于何镜堂院士门下，攻读硕士研究生学位；2004 年通过申请转为"1+4"攻读博士学位；2008 年 12 月博士毕业后于次年 3 月入职，成为华南理工大学建筑设计研究院团队成员。

设计院的项目和机会存在一定的随机性和不确定性，回顾这么多年来的工作，我更愿以"十年"的尺度来进行反思整理。十年来坚持立足于建筑学学科基础，主要从事教育建筑、医疗建筑、历史建筑保护更新、文化博览建筑、体育建筑、景观设计等设计工作，主持了一系列特级工程和一级工程。

二十多年前的 SARS，让我开始思考"建筑师能为社会做什么？"这一课题，总是期望能有机会像坂茂或伊东丰雄那样，成为人道主义建筑师，为社会和人们的需求做出积极的工作。近五年对一些工作内容的深入思考，让我逐渐找到目标和方向："建筑师能为社会做什么？"将是贯穿我一生的探索主题。

2018 年 3 月，有幸承接了广州市第一人民医院外部公共空间整体提升改造项目。虽然在这之前，团队刚刚中标了 1000 床位的天河区第二人民医院整体设计项目，好不容易打开了医疗建筑设计的大门，但由于此前并没有任何景观设计及改造方面的经验和积累，于是抱着试试看的心态投入了市医项目的前期调研和设计工作中。

当时怎么也没想到，这个项目将会给我的职业生涯和思想带来如此深远的影响。项目完成后，市医一改以往环境混杂、交通混乱、空间环境节点不成体系、步行网络凌乱和人文环境欠缺的局面，把阳光、健康、愉悦的空间氛围重新带回老城区的旧医院里，为病患、医护及周边市民提供了良好的城市公共开放空间体验，得到了社会各界的广泛好评。

论文在《南方建筑》杂志发表

相关教学成果获奖证书

结合这个小项目，团队展开了对广州市既有大型综合医院外部公共空间的深入研究，到 2019 年时已经完成了 80% 的研究工作。这时遇到了新冠疫情，因而团队加快研究步伐，并于 2020 年成功申请到住房和城乡建设部的科技研发课题"既有大型综合医院外部公共空间更新改造示范性技术方法（编号 2020K004）"，结合课题成果，2022 年整理出版了专著《既有大型医院外部公共空间改造方法》（山西经济出版社），创造性地把功能、交通、空间、人文的整体优化，用于医院外部公共空间的改造实践与理论研究，解决了一系列工程技术难题，对应对突发疫情及疫情后的积极利用起到非常大的帮助作用，是专门研究医院外部公共空间的重要著作之一。接着，我将研究成果《疫情背景下医院外部公共空间复合优化策略——以广州中心城区既有大型综合医院为例》，发表在建筑学科核心期刊、北大中文核心期刊《南方建筑》杂志上，与社会共享，为特殊时期提供独有的解决方案，体现社会价值。同时指导硕士研究生开展一系列研究，培养了一批在医院外部公共空间方面有所涉猎的研究生，真正意义上体现了何老师（何镜堂院士）教导的产、学、研一体化道路。此外，积极参与华南理工大学建筑学院本科毕业生的毕业设计指导工作和研究生参与社会竞赛的指导工作，均有所获奖。2022 年、2023 年连续两年带毕业设计，其成果获得建筑学院优秀设计评级，其中，2023 年毕业设计在第九届"中国人居环境设计学年奖"设计竞赛中，荣获普通高校本科组建筑设计类优秀奖；指导硕士研究生参加国际竞赛，其作品获得国际建筑学会、亚洲太平洋地区人居环境学会主办的 2021 年发展中国家建筑设计大展优秀奖。

近十年来在《新建筑》《南方建筑》等杂志发表文章 30 余篇。

十年来主要创作的建筑作品中，长安镇实验小学入选《建筑设计

广东建设职业技术学校清远校区获"2023年度教育部优秀勘察设计规划设计三等奖"

东莞长安镇青少年宫获"教育部2017年度优秀工程勘察设计优秀建筑工程二等奖",入选《中国建筑设计年鉴(2017)》

长安镇实验小学入选第三版《建筑设计资料集》中小学校专题优秀案例,入选《中国建筑设计年鉴(2017)》

资料集》(第三版)中小学校的优秀案例、入选《中国建筑设计年鉴(2017)》;东莞长安镇青少年宫获"教育部2017年度优秀工程勘察设计优秀建筑工程二等奖""东莞市优秀勘察设计项目二等奖(2015)",入选《中国建筑设计年鉴(2017)》;广东建设职业技术学校清远校区获"2023年度教育部优秀勘察设计规划设计三等奖"。2023年5月中标的中山大学附属第六医院珠吉院区是1000床的大型综合甲等医院,目前正在施工建设中,是团队承担的规模最大、功能最复杂的建筑综合体;2024年4月中标的广州市第八十九中学新建教学综合楼项目,目前也已完成施工图审查工作。这两个项目最大的特点是通过全专业的协同配合,有效地控制了工程造价——中山六院珠吉院区项目通过施工图优化设计,最终预算控制在13.4亿元的范围内,比可研的总投资足足节省了5090万元;八十九中教学综合楼项目也在4300万元的总投资中,通过施工图优化设计节省出了70多万元,积累了丰富的造价控制经验,培养了能打硬仗和胜仗的团队,赢得了市场和口碑。

随着2024年天河体育中心花市牌楼在谷德媒体上的成功宣传推广,团队开启了通过互联网及微信公众号进行项目宣传和建筑文化传播的模式。水南幼儿园在谷德和有方均做了发布,其中谷德的浏览量高达1.3万人次。

目前正在设计的两个校园(规划及建筑设计)均为民办性质,其中广东江南理工高级技工学校清远校区总面积为25万平方米,位于清远市清新区禾云镇,典型的山地生态校园设计作品,是当前行业下行阶段团队逆势上行的创新型重大作品。

十年来,我在建筑创作的道路上孜孜以求,一步一个脚印,慢慢从困境和迷茫中走了出来,逐渐形成了成熟的建筑观和团队观,这是十年来最大的收获。

中山大学附属第六医院珠吉院区，19.8 万平方米、1000 床大型综合医院，2023 年中标在建

广州市第八十九中学新建教学综合楼勘察设计，2024年中标在建

广东江南理工高级技工学校清远校区（一期），25 万平方米，设计中

2 三重经历，外求转内

在何老师的教育和带领下，我逐渐形成了方案构思—深化设计—施工图设计—现场配合—建成成果整理—报奖发表的闭环工作模式，建立了产、学、研互相支撑的工作方法，但是这个过程整整花了十年的时间。

在建筑业行情较好的时期，很多项目同时开展，时间紧、任务重，导致好多项目都停留在生产阶段，远远达不到产、学、研一体化的复合高度。虽然如此，我还是希望能在建筑创作中有所创新。但由于项目类型的不确定性、项目来源的不稳定性、创作过程的随机性，以及团队磨合机制尚未成熟，我在很长时间内都是非常困惑而迷茫的。不断做投标和委托的项目：设计中标就继续深化，不中标就参加下一个投标；委托方案被否定就接着改，直到通过。那时期一直是高负荷、高强度运转的状态，没有时间停下来想一想，似乎只是单纯为了中标、为了方案能通过、为了设计能得奖、为了发表更好的论文。缺项目的时候焦虑没有项目可做，而项目堆积在一起又担心没法高质量完成工作。有一次为了赶南阳新闻中心项目的施工图，办公桌上堆起半米高已喝完的红牛罐子，这场景至今仍记忆深刻。

不断跌倒，不断爬起，然后继续走下去，家人和朋友们以为我这么卖力地工作，应是赚到盆满钵满了吧，但实际上并没有想象中那么宽裕和富足。后来项目慢慢少了，然而可以思考的时间却并没有因此而多起来，项目更难做了，仿佛陷入无法自拔的困境之中。

支持我不放弃、继续沿着这条道路走下去的力量，来源于我的导师何镜堂院士。何老师对建筑事业孜孜以求的状态，已经深深地影响了我，是我能够痛并快乐地坚持走下去的最大动力。用自己的知识给人们带来更美好的空间环境，是值得奋斗一生的事业。这是我建筑生涯的第一重经历，即"昨夜西风凋碧树，独上高楼，望尽天涯路"。

总感觉最大的遗憾莫过于在建筑行情最好的年份里，没有太多机会参与大规模的设计生产活动。那段时间虽然做了很多未中标的投标方案，但在"论产值"的设计院体制内，这些工作都有点像"无用功"。这期间虽然也陆续做成了一些比较随机的小项目，但它们之间缺乏内在的必然联系。我对这种散乱、无序的工作状态感到无助，于是经过深思熟虑，2023 年在中国建筑工业出版社出版了《建筑六式》这本书。

出书的动机，是希望通过梳理这十年来的所思、所想、所得，找到设计思想之间的内在关联。由于当时缺乏自己的思想体系，我开始向外求助，通过借助分析传统经验、现代主义大师及当代多元化建筑创作的案例和启示，梳理出"连续、延绵、渐变、流动、时节、抽象"这六种创作手法和技巧，即"建筑六式"；然后将"建筑六式"应用到我的建筑创作构思和理念阐述中来，阐明其对文化博览建筑、医疗建筑、体育建筑设计，以及校园规划、景观设计、更新改造等设计实践的指导作用，书中精选了 24 个曾经付出巨大心血设计的案例。中国建筑工业出版社在推荐这本书的时候，是这样介绍的："这本书收录的设计成果具有一定的创意，剖析角度新颖，对建筑师具有一定的参考价值。"

2024 年 10 月 19~23 日，第三十届北京国际图书博览会（BIBF）在北京国际会议中心举办，这里既是出版社之间的版权交易盛会，也是普通爱书人了解新书动向的好去处。《建筑六式》作为建筑设计作品类书籍，有幸成为中国建筑工业出版社重点宣传的书籍之一。《建筑六式》虽然是设计完成后作的理论方法总结，但在后续的建筑创作中，我开始有意识地以"建筑六式"为指导，进行建筑创作和构思，从此有了更多的感悟和体会，至此进入了第二重状态，那就是"衣带渐宽

2024 年天河体育中心花市

终不悔，为伊消得人憔悴"。

2024 年天河体育中心花市规划及牌楼设计，是我职业生涯中的一个美丽意外。在此之前，我从未有过诸如此类、给重要节日节庆活动做设计的经验。当时有幸受邀参与给 2024 年天河体育中心花市牌楼方案提意见，我觉得现有的方案均是广告公司设计出来的，是比较成熟的平面化模式的牌楼做法，本身没什么问题，但也没什么突破。因此我看完后用了五天时间，做了一个体现建筑师创作特色的方案：用立体三维的形式，建构出有内部空间的、可参与其中的非常规"和合牌楼"。设计发挥了体育中心的地理优势和区位特点，利用建筑及园林设计中常用的借景、对景方式，使牌楼和中信广场形成如日晷的晷面和晷针的立体空间对位关系。同时，将传统的龙年文化元素和广州"白话"俚语有机融合进空间之中。方案一经提出便备受各界人士的认同和赞赏，最终被确定为实施方案。2024 年 11 月 19 日最新发布的广州国际文旅宣传片《广州欢迎您》，将 2024 年天河体育中心花市及牌楼作为广州传统迎春花市的代表，向世界发布。设计得到官方传媒的认同与肯定，是对团队文化传承创新的极大鼓励。项目的成功使我对空间环境的营造，以及"建筑六式"的运用，有了更深层次的理解和感悟。

在紧接着的中山大学附属第六医院珠吉院区的施工图设计过程中，在倪阳大师的带领下，我和团队一百多人，夜以继日，奋力工作，不仅顺利完成了施工图设计，还最终为项目节省了 5090 万元的投资，创造了非常耀眼的战绩。

接着又匆忙开始了广东江南理工高级技工学校清远校区，以及 2025 年天河奥体迎春花市的总体规划及牌楼设计工作。在异常繁忙、紧张、刺激的工作中，我逐渐意识到我所关注的重心，已经由《建筑六式》时期外求的状态，进入到内求的状态了。我对建筑价值的判断，也由直观的外形，过渡到人对空间氛围的体验与感受层面，经过了"不疯魔不成活"的艰辛跋涉，终于见到了能照亮我内心的光明，真是"众里寻他千百度，蓦然回首，那人却在灯火阑珊处"。

3 长夜燃犀，思辨器道

董功先生在"对话 2024 A+Awards 荣誉奖得主设计领导力——董功谈中国与世界当代建筑之新构"的访谈中谈到，"直向的核心是真诚面对建筑和相关议题，通过不断思考来应对社会环境及文化所带来的挑战，我们拒绝僵化或公式化的设计手法，开放接纳每个场地所蕴藏的潜力。我们坚信想要解决建筑的终极问题，需要唤起空间体验者的情感共鸣"。

"想要解决建筑的终极问题，需要唤起空间体验者的情感共鸣"，这句话一下击中我的灵魂，这不正是我多年来一直苦苦追寻的目标吗？人是空间体验的主体，建筑的任务除了满足人的日常功能需求外，如果通过建筑的策略和空间的营造能够唤起体验者的情感共鸣，那么它将可以指引我们找到解决建筑终极问题之"道"，这是我对董功先生理念的理解和我自身长期实践的总结。建筑策略与空间营造方法，是营造供人体验的物质性空间环境的"器"，通过"器"唤醒空间体验

指导硕士研究生

形成自己的工作思想体系，践行产、学、研相融模式，实现了既有实践又有理论的建筑创作模式

者的情感共鸣，从而解决建筑的终极问题，是"道"。董功先生的话给我莫大的鼓舞和启示。在经历长时间的思索和探求后，我仿佛看到了指引方向的一盏明灯，坚定了我继续前行的信念。

2003年春节假期结束后，我从家乡海丰回到学校，参加了广东省建筑设计研究院和广州市设计院的入职考试。当时考完试后，我跟两个单位的负责人说，由于春节前参加了研究生入学考试，目前成绩还未出来，如果考上了何老师的研究生，就去读研，如果考到其他导师的话，就放弃前来工作。没想到我竟真的实现了一生追随何镜堂院士的梦想。22年来，何老师的言行、理念无不深刻影响着我。每当在生活、工作中遇到困难时，我就会想，如果是何老师的话，他会如何处理这个事情？于是我就慢慢地能看到方向、找到答案，并努力践行。正是这种思考方式，帮助我克服了非常多的困难、闯过了非常多的难关，帮我找到了自己。

何老师用一生的努力去践行他创立的"两观三性"理念，"直面社会需求，记录国家和时代"。这如长夜燃犀，使我有勇气和力量在现实中继续摸爬滚打，在狼狈处境中始终心怀光明、积极思考，不断探求"器""道"的辩证关系。

在我的认知中，建筑空间环境如果没有人的活动参与，那其实跟废墟无异。好的建筑空间环境不仅要积极回应人的功能需求，还应展现对体验者内心情感需求的关照，在深层次体现出人与建筑之间微妙而复杂的关系。建筑设计更为重要的使命，是在人和物（空间）之间架构起适宜、得体的情感桥梁。建筑师通过自身的努力，洞察场所可能潜存的精神特质，或通过空间的营造，传达其个性化的精神感悟，唤起空间体验者的情感共鸣，激发体验者个人化的情感感受，进而反过来凸显建筑空间的精神性特质。这是建筑师认知社会、表达思想的

上海世博会中国馆

一个重要方式。从这个意义上来说，建筑之于建筑师，正如文字之于作家、乐曲之于作曲家、绘画之于画家。通过对"器"的创作与营造，建筑师的目的在于探寻更为本质的建筑之"道"。

4 岭南学派，传承创新

华南理工大学建筑设计研究院在何镜堂院士、倪阳大师的带领下，果敢开拓，传承创新，逐步成长为全国举足轻重的大型甲级设计院，创作了一大批文化底蕴深厚、技术含金量高的优秀设计作品，如2010年上海世博会中国馆、侵华日军南京大屠杀遇难同胞纪念馆扩建工程、珠江新城西塔和大厂民族宫等，在文化博览建筑、教育建筑、超高层建筑、体育建筑、会展建筑、轨道交通枢纽、现代民用住宅、新型科技产业园、酒店建筑和健康产业等建筑设计及规划方面协调发展，成为岭南建筑学派的中流砥柱。"发于环境、立足场所、升华氛围、激发情感"是华工设计传承创新的法宝。

2010年上海世博会中国馆，以城市发展中的中华智慧为主题，表现出了"东方之冠，鼎盛中华，天下粮仓，富庶百姓"的中国文化精神与气质。

中国馆主体造型雄浑有力，犹如华冠高耸，天下粮仓。中国馆以大红色为主要元素，充分体现了中国自古以来以红色为主题的理念，更能体现出喜庆的气氛，让游客叹为观止。中国馆融合了中国古代营造法则和现代设计理念，诠释了东方"天人合一，和谐共生"的哲学思想，展现了艺术之美、力度之美、传统之美和现代之美，是对中国文化的最好表达。

中国馆"东方之冠"具有明显的中国特色，它融合了多种中国元素，并用现代手法加以整合、提炼和构成。中国馆的造型还借鉴了夏商周

侵华日军南京大屠杀遇难同胞纪念馆

时期鼎器文化的概念。鼎有四足，起支撑作用。作为国家盛典中的标志性建筑，光有斗栱的造型还不够，还要传达出力量感和权威感，这就需要用四组巨柱，像巨型的鼎之四脚一样，将中国馆架空升起，呈现出挺拔奔放的气势，同时又使这个庞大建筑摆脱了压抑感。这四组巨柱都是 18.6 米 ×18.6 米，将上部展厅托起，形成 21 米净高的巨构空间，给人一种"振奋"的视觉效果，而挑出前倾的斗栱又能传达出一种"力量"的感觉。

中国馆作为一种文化现象，诞生于特定的历史时期，已经远远超越了普通建筑的基地、场所、功能范畴。这个项目的设计发于更为宏大而抽象的现代中国这个"大环境"，立足于改革开放经济前沿这个宏观"场所"，通过设计技巧将传统精髓及传承作了现代演绎，升华了"东方之冠，鼎盛中华，天下粮仓，富庶百姓"的中国文化精神与气质，唤起了团聚、合力、自豪的民族情感。

侵华日军南京大屠杀遇难同胞纪念馆展馆的扩建工程整体设计形状为"和平之舟"，像是一座拔地而起的船头造型——发于环境。从侧面看，像一把被折断的军刀；从空中看，又是一个化剑为犁的造型。外观大气肃穆，设计布局寓意深刻——立足场所。侵华日军南京大屠杀遇难同胞纪念馆前半部分寓意为"白骨为证、废墟为碑"，后半部分体现了"人类家园、走向和平"；整个建筑设计构思可以用"死亡、和平"四个字来概括——激发情感。

侵华日军第七三一部队罪证陈列馆的设计以"尊重历史，保护原址，反省战争，呼吁和平"为目标。大地被锋利的手术刀切割开来，地面在刀刃下坍塌、褶皱，成为人们追思历史的前导空间，也形成一片可供集会的纪念性场地——发于环境。掩盖着罪证的"黑盒"被场地撕裂，裂缝成为揭示罪行和反思历史的空间序列线索——立足场所。

侵华日军第七三一部队罪证陈列馆

三座高耸的建筑体量无论在场地内部还是城市很远的地方都能为人所看见，为这片特殊的大地景观营造了一种庄严而肃穆的纪念意味——升华氛围。同时，它也在用建筑的语汇告诫世人：逝者已矣，但历史永远不能忘记——激发情感。

5 执器问道，追随建筑

回顾十年来艰辛的建筑创作道路，真心感恩过程中遇到的各种提携和帮助，使我有幸能在经历建筑业高潮的狂热中保持一份清醒，坚守自己的梦想，也使我能够在行业下行的逆境中没有失去信心，继续探求建筑之道。

在产、学、研背景下，何老师开放的建筑创作思想体系，给我提供了源源不断的前进动力。华南理工大学建筑设计研究院经过几代人的艰辛奋斗、执着创新，逐步成长为国内知名的创新型建筑设计院，在文化博览、教育建筑、超高层和综合体、体育会展、交通建筑、规划与城市设计等方面创立了具有深远影响力的华工设计品牌，在一定程度上引领了各大领域的设计风向。

这样高端的工作平台，给我提供了大量的实践和思考机会，经常和清华大学团队、同济大学团队、中国建筑设计研究院团队等顶尖对

2025 年 4 月 2 日，我为恩师何镜堂院士庆祝 87 岁大寿合影留念，右为师母李绮霞先生

2025 年 1 月 9 日，我和倪阳大师一起接受媒体采访，介绍 2025 年天河迎春花市设计理念

手同台竞技，参与投标。虽然输多胜少，但这个过程极大地锻炼了我，使我不断反思和总结，养成了在实践中持续学习的习惯。幸运的是，在全国范围内不断转战投标的过程中，还是有一些"边缘化""小众化"，与华工设计主流创作体系有所差异的小作品，在我和团队小伙伴们的精心呵护下，静悄悄地从最初的脑中构思到纸上蓝图，再到空间实体，再到本书的建成照片和视频影像，一步步慢慢成型并显现出来，它们如实记录了我的建筑认知，是如何由最初的模糊朦胧到过程中的摇摆漂移，再到如今坚定信心的整个过程。事虽小，但于我却异常重要。也许正因为"无关紧要"，这些小项目反而避开了可能会因多方关注而导致建筑师的身不由己，可以进行相对深入而自洽闭合的思考。

大学时，深受张永和先生的书和王澍先生的论文的影响，接受并认同了建筑思辨对建筑创作重要性的理念。我觉得建筑设计如做文章，需要在场域中思考各种线索，找到作文的主题思想，然后再结合现场的"气场"，选择合宜的语言和手法，进而建构出适宜的空间环境。实际上，寻找场所"线索"和"气场"的工作，是一个不太具有逻辑连贯性的过程，而且随着工作的推进，认知也会变化，具有较大的不确定性，因而需要不断修正和完善，这个过程是艰辛而迷茫的。我资质愚钝，总是没办法一步到位，把设计做到最好，需要不断尝试、反复推敲求证。恰好这些"不被重视"的小项目没有太多来自业主的干涉，给了我充分想象和思考的机会，所以非常感恩并珍惜，努力做好每一个设计环节。为此我曾经总结说，"华工设计无小事，华工设计在身边，华工设计出精品，华工设计为大家"，希望能够从更为细致体贴的角度，努力营造出无沟通鸿沟的空间环境场所。

这本书所精选的六个案例，分别对应十年来创作的六种类型。大尺度的博兴市民文化中心，是一个 6 万平方米的大型复杂城市建筑综

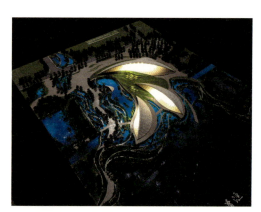
洞庭湖博物馆（技术标第一名）

湛江文化中心（入围中标候选方案）

三亚市崖州区东关幼儿园（因用地手续搁置的项目）

合体，意图反映建筑在城市和乡村发展过程中需要面对的联动发展问题，思考大型文化建筑综合体如何积极融入市民日常生活，从而引起使用者对空间场所的认同。岭南建筑学术交流展示中心是只有2000平方米的小尺度的古建筑群活化更新项目，通过更新活化让久远的建筑空间有机融入当下生活，唤醒人们对古今交融空间场所魅力的认同。广东省人民医院餐厅楼改造是一个单独的旧建筑改造更新项目，希望通过这个单体的更新改造，带动省医整体外部公共空间环境质量的提升，营造出"社区明灯、希望之光"的空间环境氛围，实现提升品质、唤起情感共鸣的目标。三亚市崖州区水南幼儿园试图探讨如何利用现代的技术、材料和空间，积极回应具有特色的场所环境，唤醒人们对特定地域、城市景观、文化、自然、气候的思考和情感体验。广州市第一人民医院外部公共空间整体提升改造，通过重新定义人与古树的相互依存关系，发掘深藏于场地的内在动人线索，引发使用者对新场所精神的认同与回归，营造出亲和、便民、高效的"家"一样健康、安全、温情的老城区大型综合医院极具生命活力的外部公共空间。2024年天河体育中心花市规划及牌楼设计，是探讨如何在城市尺度下的节庆活动空间中，实现对传统文化、民俗遗产传承创新的课题，借用微缩城市理念，引入古代"五行"方位色彩，打造出一个类似"时空罗盘"的空间意象，将抽象的文化传统转译为具象的声、光、影，积极融入市民的日常生活中，引发大众的情感共鸣，被2024年11月发布的最新版广州国际文旅宣传片《广州欢迎您》选为迎春花市的代表对外发布。

这六个实践分别从不同角度展现了思考的深度和广度，也从不同层面反映对"执器问道"的坚守和探求。从表面上看，这六个实践从大规模的建筑实体转向临时性的构筑物，实体在逐渐转化、消失；有

莆田市木雕博物馆（招标中止）

北滘镇新城区体育公园综合馆（中标未实施）

西安工业大学研究院（投标第二名）

趣的是，这个逐渐退隐的过程似乎与过去十年来建设行业从高潮到低谷的情形有所对应。我对建筑的理解，也逐渐从关注实体方面，转向对场所精神抽象层面的描述和表达上；似乎从依托空间实体的惯性思维中解放出来，将更多的注意力放在空间精神特质的探索和实验方面。通过这六个实践，探讨了如何借由"器"的营造，在不同层面唤起空间体验者的情感共鸣，从而向人们传递特定的建筑精神性。这就是我所追求的"执器问道"——建筑创作的终极目标。因此，我把建筑当作认知世界、思考人生的一种途径。

"文东"的英文可以写作 wend，有"回（家）"的含义，因而"执器问道"也可以理解为寻找归家的路。从有形到无形，最终回到人的精神层面，我因此找到了回归自我心灵的道路。

人已在归途，但那魂牵梦萦的故乡究竟为何？在归途中能走多远？则是我下一本书，或再下本书应讨论的问题。

陈文东

2025 年 2 月于广州华园

[壹]

守望原野　时空共鸣

博兴市民文化中心

项目名称：博兴市民文化中心
项目地点：山东省滨州市博兴县
设计单位：华南理工大学建筑设计研究院有限公司
设计团队：何镜堂、郭卫宏、陈文东（专业负责及主创）、佘万里、许喆、裴文祥、唐雅男、
　　　　　海佳、张灿辉、邢剑龙、瓮鑫威、刘洪文、劳晓杰、陈小锋、桑喜领、黄志坚、
　　　　　潘志刚、郑洋、易伟文、肖林海、杨翔云、耿望阳、曾志雄、王琪海、李雄华、
　　　　　吕子明、黄璞洁、林伟强、许伊那、何耀炳、周华忠、胡文斌、张玉　等
用地面积：106897m²
建筑面积：59057m²
设计时间：2012年12月
竣工时间：计划2025年
摄　　影：诺金浮图摄影工作室　徐勉

扫码看视频

博兴市民文化中心

博兴县地处鲁北平原，黄河下游南岸，南邻淄博市桓台县和临淄区，北接滨州市高科技术开发区，东与东营市广饶县毗邻，西与淄博市高青县接壤，处在环渤海经济圈、黄河三角洲腹地。

2012年9月，华南理工大学建筑设计院团队受邀参与博兴市民文化中心的规划与设计工作，何镜堂院士作为项目负责人，组建了强大的设计团队，开展了深入细致的设计工作。经过现场踏勘、需求对接、多方案比较汇报、经济可行性分析等，确立了"城市瑰宝、城市客厅"这个方案作为深化实施的原型，并于2014年完成施工图审查工作，开工建设。没想到这一开弓就没有回头箭，建设过程中历经停工、复工、放缓速度、功能微调等一系列反复，终于在2024年底实施完成。漫长的建造过程消耗了热情，但检验了设计、保持了品质，所以设计团队也非常珍惜这个可以说是见证了国内文化中心项目建设高潮及高潮退去后行业面临低谷的整个过程，以及这个过程给予我们的充分尝试和反思的机会。

博兴市民文化中心作为县城的城市客厅，位于县城南跨战略区域的核心地带，县"三河两水一湖"生态文化区的城市客厅区域，北邻支脉河，南侧为南水北调输水河和正在规划建设的文化植物园，东侧为正在规划建设的博兴绿岛，西邻胜利二路。

博兴市民文化中心主要由博物馆、图书馆、科技馆、大剧院、文化馆、空中文化廊道、文化市场及相关配套等功能单元构成，是个复杂的城市建筑综合体。东西向主要展示面长约200m，南北向短边长约100m，建筑高35m，位于中央6m标高处的开放"城市客厅"尺度约为50m×100m。

1 联动城乡，守望原野

2023年7月20日，博兴县首届青岛啤酒节在博兴市民文化中心成功举办；2024年7月19日，第二届青岛啤酒节也在博兴市民文化中心顺利举行。近年来，博兴县坚持把"节会经济"作为促进消费升级和提升城市品质的重要发力点，重点打造了包括"青岛啤酒节""国际厨具节"等特新品牌，积极推动"以节兴业、以节聚商、以节促商"，不断提升博兴城市的"时尚气质"和"活力指数"（《大众日报》2024-07-22报道）。

博兴市民文化中心恰好在城市和乡村的过渡地带，宏大的城市空间尺度、宽裕的场地环境、丰富的外部自然资源，为城市重大标志性节会的成功举办提供了得天独厚的条件。项目设计时的宏伟蓝图，在博兴县委、县政府的带领下，经过十多年的艰辛建设，逐步变成了现实。

博兴市民文化中心的建设，在城乡联动发展的过程中，正逐渐发挥其积极的促进作用。12年前种下的文化种子，如今已给博兴的城市建设、文化传承、经济发展、日常生活带来深刻而长远的积极影响。

在漫长的设计和建造过程中，城市在发展，乡村在进步，而如何在城乡联动发展中做到"既发展社会经济，又能有效延续生态文明建设成果"，是一直萦绕在心头的一个执念。建设本身就是一个破坏性的行为，我们希望在破坏中平衡自然，时刻保持对自然天地的敬畏。因此，守望原野便成了博兴市民文化中心承担的超出其物质功

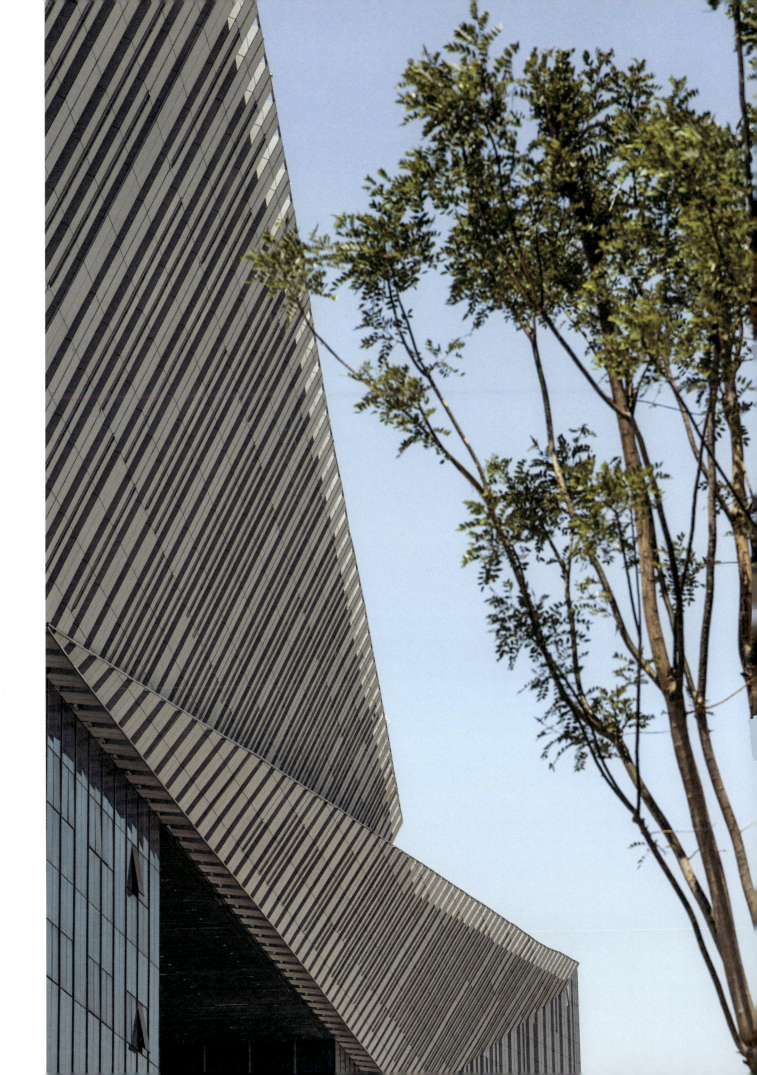

能层面的抽象使命，也是设计过程中我尤为重视的建筑的精神性境界追求。

建成后的博兴市民文化中心，犹如巍然屹立在齐鲁大地、来自远古时代或者遥远未来的一座文化殿堂，四平八稳地镇守在荒原大地之上，守护着这片养育文明的壮丽土地；亦如一颗文明的印章，守望在希望的田野之上。

在自然的尺度和视角下，博兴市民文化中心不再是陌生而僵化的，它与天光云影、清风绿树、稻田麦穗、蛙叫虫鸣等元素有机融合在一起，成为大地景观中不可或缺的一个有机组成部分。在这里可以感受到时节流动、光阴流逝，也可以体会连续、延绵、渐变、抽象、流动的环境特质。设计把所有外在与内在因素充分关联起来，不分彼此，达到了设计者所追求的因形赋意的状态，通过联动城乡而守望原野。

2 对话时空，融入日常

混沌初开，乾坤始奠。博兴市民文化中心历经了十多年建设，在一定程度上带动了周边的城市化发展，城市配套也日益完善，基本空间架构也逐渐成形，项目最初构思的意图正在慢慢呈现出来。12 年前我们初勘基地时，被场地的壮阔宏大所震撼，大地原野、湿地河流、水草林木等都以自然、有机又雄伟的面貌呈现，人在天地下显得极其渺小而谦卑。为了在这似混沌初开的纯天然土地引入城市建设的人文尺度，设计构思了契合场地的空间轴线走向，置入了一个类似传统民居四合院的正交轴网的"院子"，由此在混沌的原生自然中，凸显出一个犹如来自外星构筑物的特立独行的秩序，从而使场所精神得以显现，奠定了整体空间环境的"乾坤"格局。

中国人心目中的"合院"是博兴市民文化中心的空间内核和精神内核，通过这个"内核"将原本各自独立的博物馆、图书馆、科技馆、大剧院、文化馆等功能单元有机融合起来，形成了一个整体性、大尺度的建筑综合体。各功能单元围绕核心"合院"，构筑出一个位于

6m 标高处的"虚心"的开放城市公共空间。这个"虚心"空间水平尺度为 50m，高度为 16m，其上架设了可以上人的开放廊道，形成了相对围合的空间感。所有功能单元的人行主入口均设置在"虚心"的公共开放空间之中，这里既是空间的核心，亦是行为和功能的核心。

建筑物整体面宽约 200m，在这个巨大尺度的建筑综合体中，通过"虚心"的建筑设计策略，博兴市民文化中心被打造成类似多孔海绵的形态。建筑综合体用"减法"减出一系列"虚空"场所，正是这些"虚空"场所，在建筑与自然天地之间形成了一个对话沟通的"气场"，这个"空间气场"不仅凝聚了各功能单元，形成了共享、共建、互动的空间氛围，更通过建筑内凹的空间形制，架构了将场地外部的自然风、光、景、气等场所要素引入建筑场域的一系列廊道、路径及窗口，这一系列设计措施是"凝气"的设计手法。一方面要跟外部自然之间形成互动关联的对话，另一方面也意图在建筑综合体内部形成步移景异、室内外空间自由切换的场景氛围，进一步拉近建筑与自然、建筑与人之间的关系。同时，这种"凝气"的设计促成了建筑的时空对话特征，使人们在体验建筑空间氛围的过程中，感受到建筑在时空长河中的定位和在城市及乡村联动发展中的作用。

位于 6m 标高处的开放城市公共空间，是一个全天候对市民开放的场所，提供了绝佳的城市景观和户外活动。为了使市民便于到达，西面设计了长而缓的入口台阶，台阶上融合了无障碍坡道；在东面也设置了开放的室外扶梯，增加核心空间的可达便利性。在一次回访中，我刚好拍到一个家长带着小孩从地面广场骑自行车，缓缓上到 6m 标高开放空间的场景；市民在这里"遛娃"、遛狗、散心、交流等日常活动，逐渐成为博兴市民文化中心的常态。这种回访结果与我们最初的设计构想高度吻合。我们重视空间体验更胜于造型及立面形式。经过努力，最终呈现出独具活力的空间场所，简约时尚、大气磅礴的建筑立面设计则成功退隐为背景。我们把这一设计措施称为"炼神"的建筑表现形式。建筑的表皮形

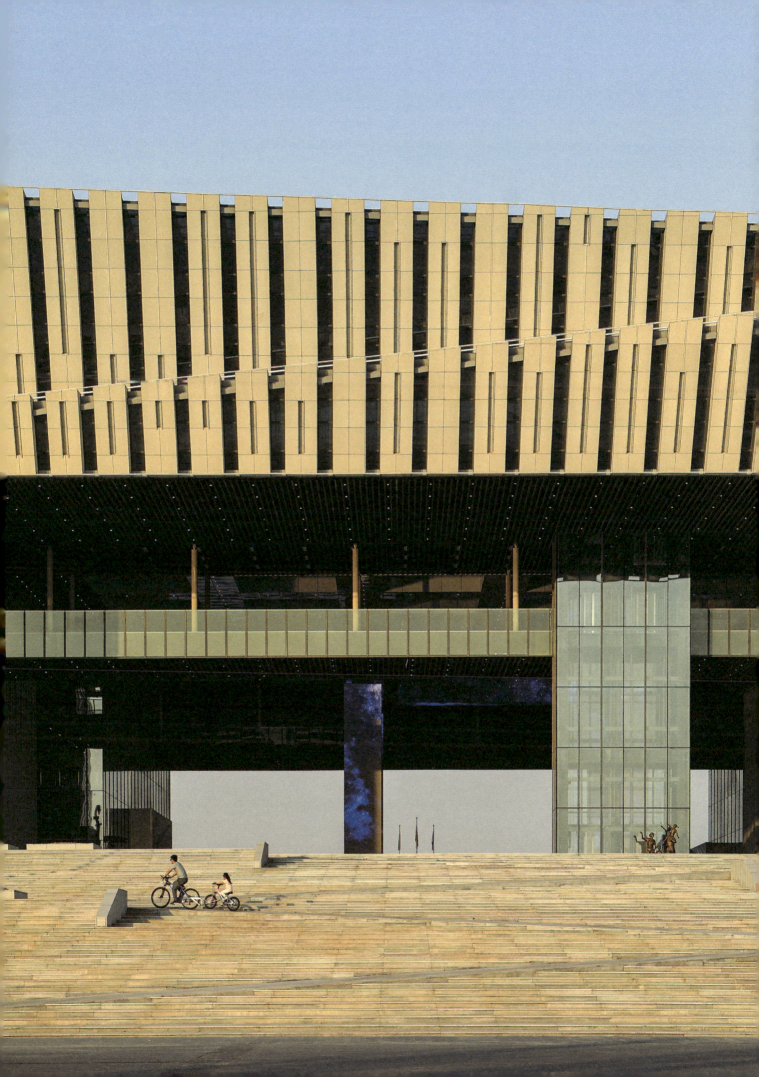

式是为特定的空间场所精神营造而服务的，这样一来可以使人们将更多的注意力放在日常生活的积极融入方面，而不是仅仅关注造型的新、奇、特。经过十多年的建设，该项目目前呈现的外观效果独具个性特色，在众多文化中心类型的建筑物中显得格外清新脱俗，达到了与环境相融的"忘我"境界。

3 传承文化，面向未来

在构思博兴市民文化中心的过程中，我们一直坚持的原则，就是用现代的空间形式和功能构成来表达对传统文化的传承。

设计借助大尺度桥梁设计用的拱形吊桥技术手段来实现大跨度的城市开放公共空间。最初的结构设计中，这个 50m×100m 的大型城市公共开放空间是完全无柱的，超限审查后，结构专家要求在中间增设四根柱子。我们因势利导，将这四根顶梁柱设计为"四梁八柱"的空间意象，用 LED 屏的形式，以现代的结构技术和媒体手段，反映山东孔孟之乡、礼仪之邦的文化传承。

6m 高处的城市开放公共空间上方用拱形吊桥的技术，在 20m 标高处形成一个立体文化共享与交流平台廊道系统，三维交互的立体城市客厅因此形成。这里设有展示空间、空中咖啡、休息茶座等公共功能和空间，面向市民开放。设计用现代的空间回应传统的礼乐秩序。

100m×200m 巨大尺度的建筑形体，采用方形加三角切面的立体雕刻手法，形成大虚大实、强烈对比的整体效果。取材于当地的山东白麻石材，构成类似"柳编宝匣"般的效果，简洁大气。形体表面形成强烈的连续、延绵、渐变、抽象的视觉效果。虽然是 12 年前的设计，但简约的美学特征使其在时间长河中历久弥新。两侧的波浪形雨篷与三角斜面形成浪漫与理性的关联与对比，是对"董永故里、吕剧之乡"的抽象回应。

简约大气的形体设计形成了空中立体景观，三角形的斜切面使建筑立面看起来犹如一个巨大的相机快门，既是观景又是框景；也像来自外星的异形巨大物体，将我们的视野感受在回望过去、传承文化的同时，又具有新奇的未来即视感。建筑以开放、包容的姿态，不断拓展建筑创作面向未来的新的可能性，实现艺术文化、产业文化、民俗文化等融合、传承、创新。

4 寻绎器道，回归本原

作为建筑学的课题而言，"联动城乡、对话时空、表达文化"这些内容的核心，从本质上是偏物质属性的，是可以通过连续、延绵、渐变、抽象、时节、流动这"建筑六式"，来取得相对稳定的答案的。也可以通过空间、轴线、尺度、材质、比例、结构、技术等建筑设计技巧求得。我把这些偏物质化、易于掌握和表达的建筑学技巧，以及用这些技巧营造出来的实体的空间环境，统归为"器"的范畴。通过娴熟的专业技巧，为社会、为人民创造更美好的物质空间环境，是建筑设计工作者的主要任务之一。在《建筑六式》成书后的一年多来，我又进行了一系列思考和实践，渐渐地，通过建筑学专业实现"守望原野、融入日常、窥探未来"这些目标，是我更为向往的追求。我希望能通过物质空间的营造，在空间和人之间架构出一座桥梁，并通过这座桥梁激发人们对特定空间场所精神的理解和领悟，从而赋予平常建筑环境更多的文化内涵，展现隐藏在人们内心深处不易自知的情感。这种境界我认为更接近于路易斯·康对建筑精神性的追问和探求。寻绎吟玩、苦苦思索，我终于看到了一丝接近建筑本原的曙光，看到人作为主观感受的主体，其对空间场所氛围体验的重要性。从建筑学的角度而言，建筑师必须让所有"器"的营建均紧扣人的多层次需求，为人创造出更多能引发精神共鸣的场所，从而使建筑空间环境显现出更为本质的精神性特质，这就是我认为应该追寻的"建筑之道"。

通过博兴市民文化中心的设计和建造，我们成功地找到了接近"道"的一些途径，并尝试用不同的方式去阐明这种观点。最根本的目的是希望能够建构一种新的视角去审视我们早已司空见惯的人和建筑的关系、建筑和自然的关系、建筑和城市的关系，从而回归对建筑本原状态的追寻。

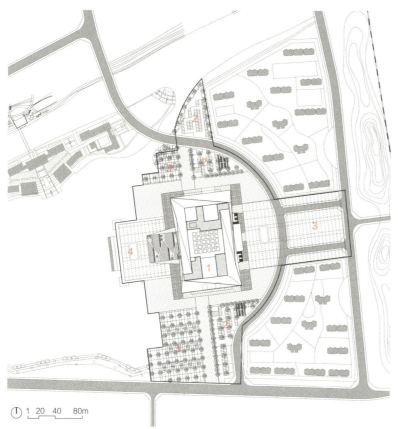

1	博兴市民文化中心
2	停车区
3	市民休闲运动区
4	滨水活动广场

1 20 40   80m

总平面图

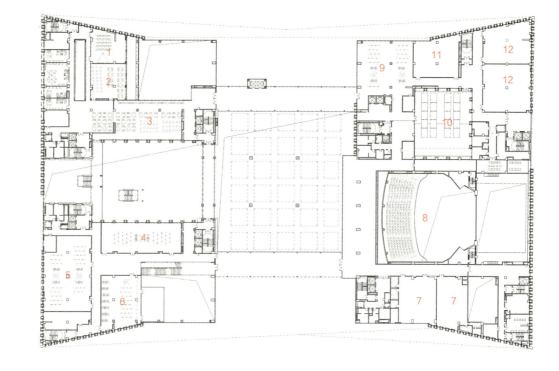

1 多媒体电教室
2 视障阅览室
3 报纸资料室
4 临时展厅
5 博兴简史展厅
6 民俗文物展厅
7 排练室
8 观众厅
9 交流厅
10 屋顶花园
11 文化馆创作室
12 文化馆教室

四层平面图

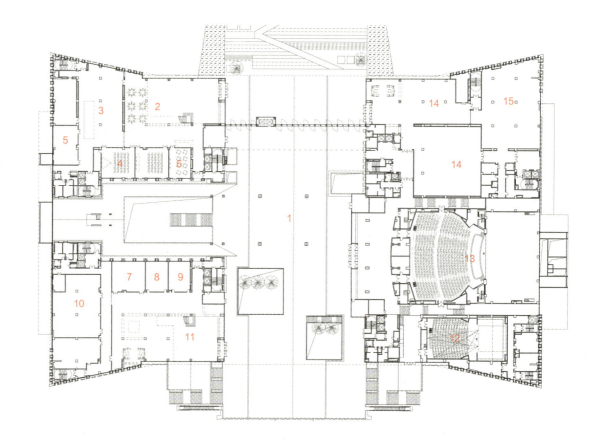

1 公共城市客厅
2 检索区
3 开放辅导室
4 报告厅
5 成人自习室
6 儿童自习室
7 多功能报告厅
8 贵宾接待室
9 讲解服务中心
10 龙华寺造像展厅
11 青少年实践活动厅
12 小剧场
13 大剧场
14 城市发展规划展厅
15 特色支柱产业展厅

二层平面图

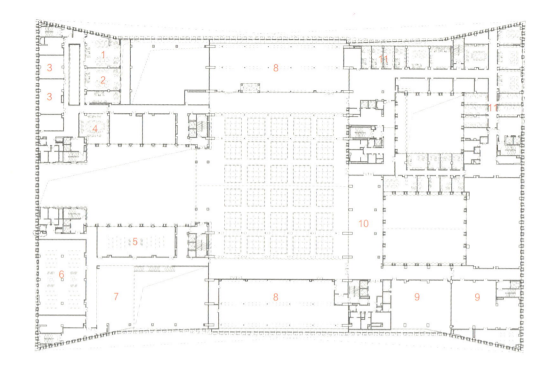

五层平面图

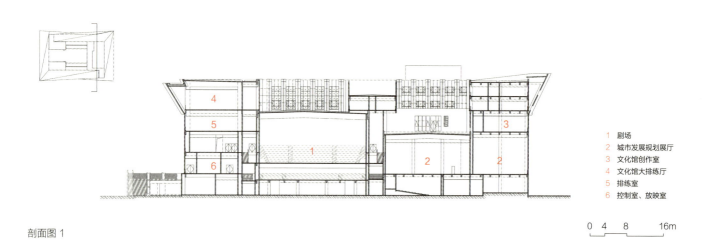

剖面图 1

1　剧场
2　城市发展规划展厅
3　文化馆创作室
4　文化馆大排练厅
5　排练室
6　控制室、放映室

0　4　8　16m

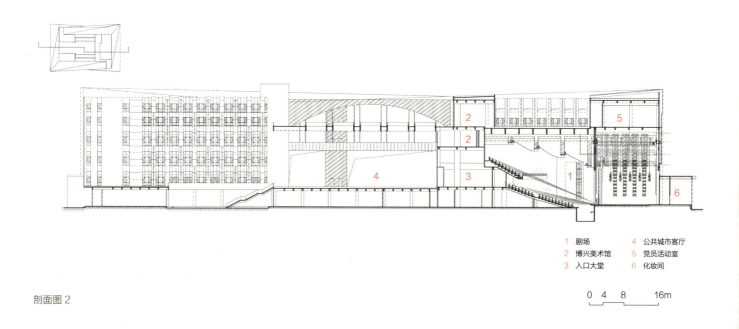

剖面图 2

1　剧场　　　　4　公共城市客厅
2　博兴美术馆　5　党员活动室
3　入口大堂　　6　化妆间

0　4　8　16m

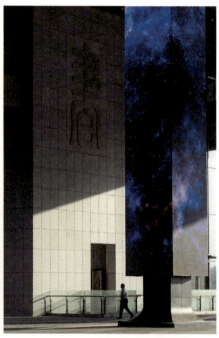

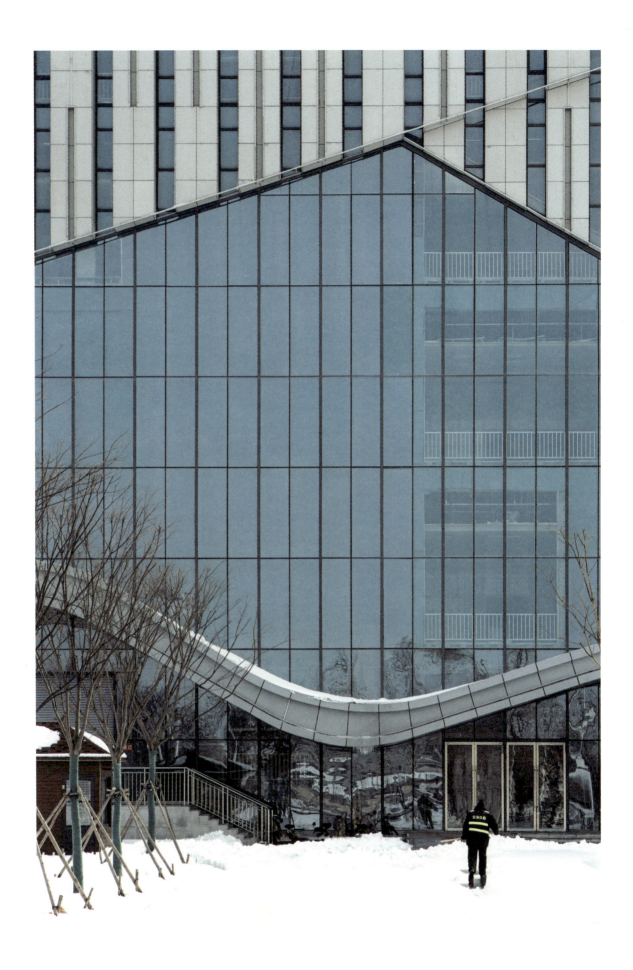

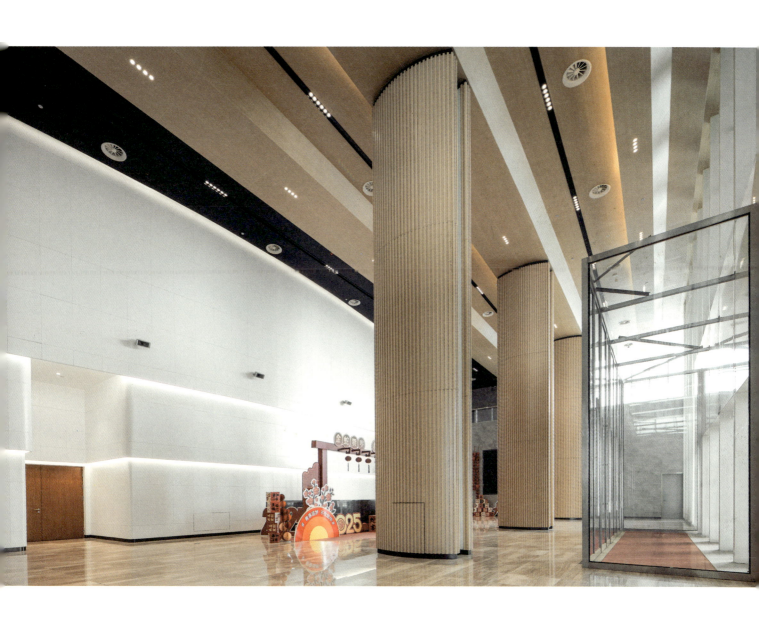

[贰]

轻微介入　激活巨灵

岭南建筑学术交流展示中心

项目名称：岭南建筑学术交流展示中心
项目地点：广州番禺小谷围岛华南理工大学校区内
设计单位：华南理工大学建筑设计研究院有限公司
设计团队：郭卫宏、陈文东（专业负责人主创）、裴文祥、杨舒雅、郭垚楠、张灯、
　　　　　吴巍、任瑞恩、易晓杰、潘志刚、桑喜领、杨翔云、张邦图、李雄华、凌浩、
　　　　　周华忠　等
古建修复：广州匠舍建筑设计咨询有限公司　程胜、范彬、袁浩　等
用地面积：10566m²
建筑面积：2068m²
设计时间：2013 年 4 月～ 2016 年 5 月
竣工时间：2023 年 8 月
摄　　影：诺金浮图摄影工作室　徐勉

扫码看视频

岭南建筑学术交流展示中心

像祠堂、民居这类传统建筑，由于功能和形式的特殊性，更好地挖掘这类建筑空间场所的潜力，使之与当前的日常生活发生更紧密的关联，在日常的工作和生活中扮演积极的角色，有机融入现实生活环境中来，让人们既能体会传统建筑空间的美好、又能感受到特定空间环境的时代性特征，是众多建筑师关心和思考的重点。

由于所处时代和社会背景的不同，历史遗留下来的传统建筑面临着一系列活化更新的现实问题，昔日的阳光如何照进现实，引发深层次的关于时间和空间的关联对话，是我更为关注的课题。

2003 年广州大学城规划建设时，保留了华南理工大学校区内穗石村里的若干栋明清时期古建筑。这些保留建筑由于没得到及时的翻新、修复和利用，荒废了近十年，导致许多珍贵的砖雕、木雕、石饰等物件遗失，旧房漏水，杂草横生，几成废墟。

在接手这个项目前，已有一些团队提出了整体改造的方案，但效果不尽如人意，于是我们团队才有机会做一个全新的思考。项目启动后历经多次使用功能定位、文物建筑定性、投资调整等变化，从 2013 年一直持续到 2023 年，终于全部更新修复完成，并正式命名为岭南建筑学术交流展示中心。

我在拙著《建筑六式》中，总结传统经验、现代主义大师和当代多元化建筑创作案例及其启示，提出了"连续、延绵、渐变、抽象、时节、流动"六种创作手法和技巧，用以指导建筑创作实践。为了充分激活岭南明清古建筑群，使其更好地融入当下的校园生活，设计以"建筑六式"为指引，采用了"微介入、大激活"策略，取得了一些良好成效。

修复的祠堂和民居作为档案、展览展示、陶瓷剪纸民间传统工艺工作坊等功能来使用；复建的一层会议室作为学术交流之用；复建的两层小民房则作为接待展示和休息的场所，并增加了公共卫生间、景观水体等设施。活化更新后的建筑群作为一个整体，呈现出非常有特色的空间环境氛围，展示了我们团队一开始希望强调的，关于超越时间和空间对话的场所建构的设计意图，也表达了我以"建筑六式"致敬路易斯·康对精神空间追求的想法。

1 文化根脉，聚落核心

岭南建筑学术交流展示中心位于小谷围岛华南理工大学校区内，邻近中北部的景观湖，主要包括两栋祠堂、五栋砖木结构的民居古建筑和两栋复建的民房，其中最古老的祠堂可以追溯到康熙中期。建筑群整体活化更新后，与景观湖湿地相互融合，形成良好的看与被看的对话关系，既保留了传统建筑空间的精髓和意蕴，又独具时代特色，营造了一个传承传统文化的聚落核心，成为校园里一道靓丽的风景线。这种精神传承对于一个只有 20 年历史的新建校园而言，是非常重要的文化资产。华南理工大学大学城校区因为有了这一处绝佳的人文历史景观，而拥有了文化的根脉，成为大学城所有校区中绝无仅有的一处盛景。

设计的亮点在于在原有的建筑群中引入了一个向心的八角亭。这个八角亭从顶视图上看是一个屋面实体，然而从平面感受到的却是一个没有围合实体的虚空间。

这个虚空间成为连接不同年代、不同功能、不同形式的原有建筑的媒介，以最轻微的介入方式，即最少量建筑语言、最简单的建筑材料、最简易的安装建造方式，营造出建筑群特色的文化根脉、聚落核心的精神内涵。

2 古今关联，时空对话

岭南建筑学术交流展示中心作为一个整体，远远超越了作为文物的祠堂和民居个体的重要性，通过整体性的规划和景观、建筑、室内设计建构出一个特殊的场所。在这里，可以明确区分出哪些是古老的元素，哪些是新近的元素，它们以非常和谐的姿态共存。

微介入的八角亭，以现代简约的语言，回应历史、展望未来，既个性独立又整体相融。亭子四周设置浅浅的深色景观水面，形成镜面效果，使得整体空间氛围呈现虚幻的色彩，既放大了空间尺度，又很好地关联时空，是项目最为吸睛的亮点，呈现连续、延绵、渐变的特征。

古今空间和元素在这一特殊的维度相遇，湖水清澈，倒影幽邃，庭院深深，杨柳依依，引发了一连串时间、空间的对话：建筑对话、空间对话、环境对话、新旧对话。夜幕降临、华灯初上时，光影幻化，精妙绝伦，仿佛穿越时空的特殊场域，将古代的文化和精神传送到当下，又辐射到未来。

3 新旧并置，传承创新

岭南建筑学术交流展示中心的整体设计以传承创新的精神，使新旧元素对立并置，互为补充，共同形成富有戏剧性的场所空间。七栋历史遗留建筑采用修旧如旧的方法，尽量恢复其原有的面貌。复建的两层民居和单层民房则采用现代钢筋混凝土框架结构，并用岭南民居常用的蚝壳墙进行局部装饰，同时又使用预制的混凝土方格砌块来模拟传统建筑的花格窗，使新建筑在结构、形式和语言等方面既自成体系，又与原有的系统和谐关联。

为了最大可能降低施工过程对现存古建筑的破坏和影响，体现"微介入"的初心，采用简易现浇与预制安装相结合的模式，用特殊的方式应对特定的场所。

新加建的四重檐八角亭由完全现代的理念建构，八根现浇清水混凝土柱上安装预制木构件，现浇与装配巧妙融合。光滑的清水混凝土圆柱用 PVC 圆管作为模板现浇而成，表面圆滑，肌理细腻，完成度良好。

亭子顶部木构架用单元式的小尺寸菠萝格长方形木材以现代的钢板和螺钉连接成整体，顶部则以油毡瓦作为饰面。新加元素与旧有元素新旧并置，相互依存，体现了传承创新的理念。完成后的效果呈现出抽象、时节、流动的特征。

4 空间交融，内外一体

岭南建筑学术交流展示中心的整体设计，尝试在旧建筑群中引入一系列相对较"弱"的空间和元素，它们就像酵母一样，用来黏连原有的空间和氛围，并激发出更多的可能性。借用传统岭南建筑村头聚落"榕树下"的场所领域概念，在这组建筑群的核心位置引入一个"虚无"的"伞"下空间，营造出公众心目中的公共向心场所。建成后较大程度保留了旧建筑空间氛围，新建筑元素基本消隐，充分融合的场景最大限度地激活了空间活力，激发了多元化、非正式的交流与交往活动，形成校园文化活动中最重要的场景之一。

八根由 PVC 圆管作模的现浇钢筋混凝土柱子限定出聚落的核心空间，这种无特定实体的"虚无"空间，仿佛具有魔力，以无形的力量将空间和视线汇聚起来并向上升腾，通过八边形藻井式伞盖之间的空隙向外扩张。古建筑实体和伞下"虚无"空间相互交融，产生一种全新的空间体验。古代场所与现代精神在这里混合相融、模糊提升。久远的空间传承到当下，衍生出全新的空间魅力。在这里，风是自由来去的，视线是毫无阻碍的，而空间则是一体的。这种丰富的对话关联，激发了自然与建筑、人与空间强烈的场所感受。这种氛围有助于大众体验和理解建筑师对超越时间和空间对话的场所建构的追求。

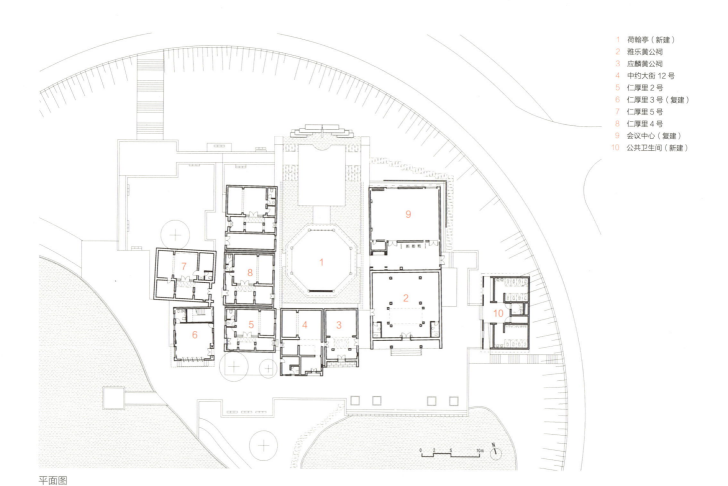

1　荷翰亭（新建）
2　雅乐黄公祠
3　应麟黄公祠
4　中约大街 12 号
5　仁厚里 2 号
6　仁厚里 3 号（复建）
7　仁厚里 5 号
8　仁厚里 4 号
9　会议中心（复建）
10　公共卫生间（新建）

平面图

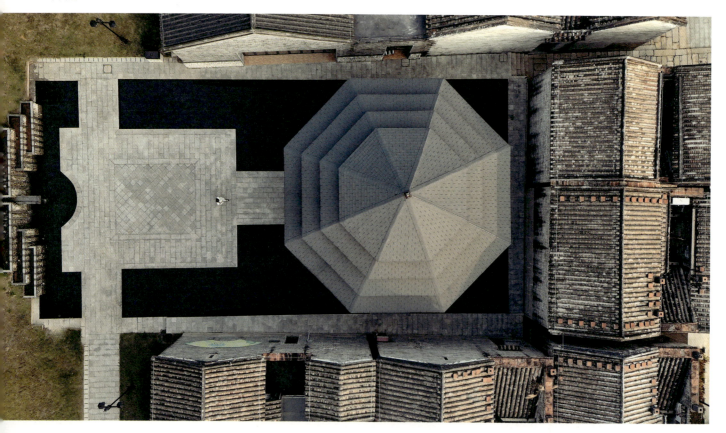

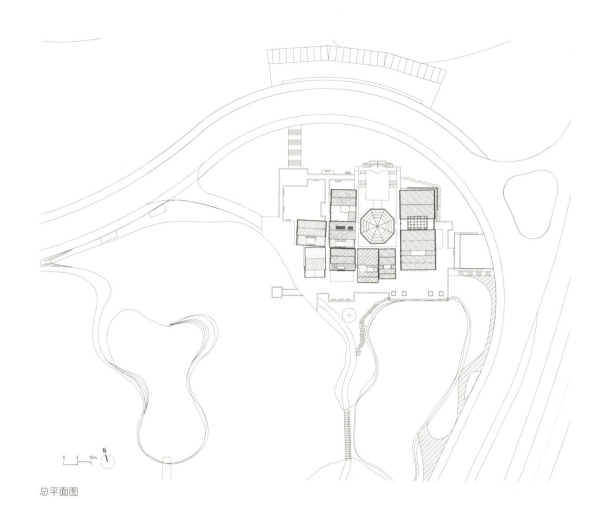

总平面图

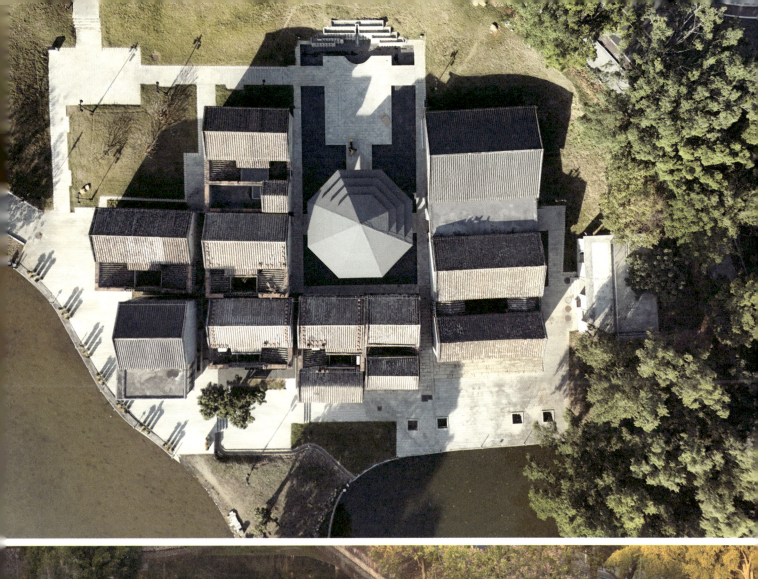

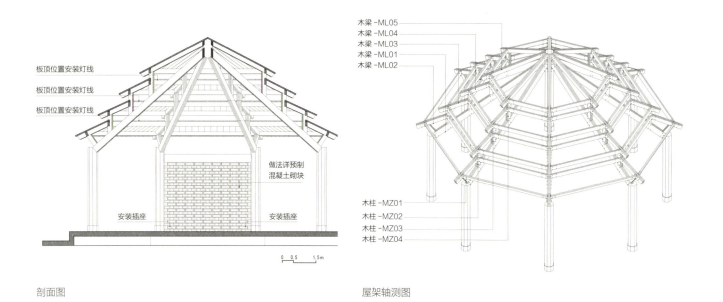

板顶位置安装灯线

板顶位置安装灯线

板顶位置安装灯线

做法详见预制
混凝土砌块

安装插座　　　　　　安装插座

0　0.5　1.5m

剖面图

木梁 -ML05
木梁 -ML04
木梁 -ML03
木梁 -ML01
木梁 -ML02

木柱 -MZ01
木柱 -MZ02
木柱 -MZ03
木柱 -MZ04

屋架轴测图

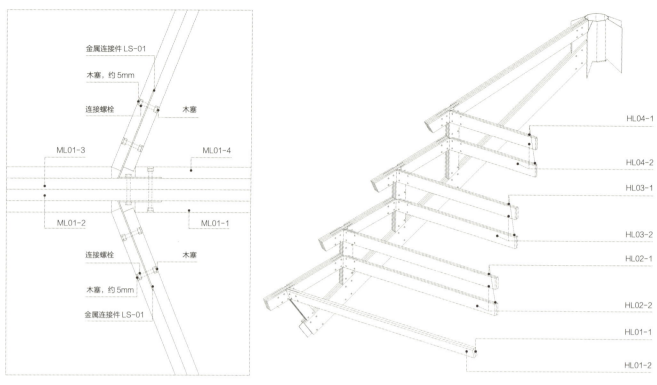

金属连接件 LS-01

木塞，约 5mm

连接螺栓　　　　　木塞

ML01-3　　　　　　ML01-4

ML01-2　　　　　　ML01-1

连接螺栓　　　　　木塞

木塞，约 5mm

金属连接件 LS-01

HL04-1

HL04-2

HL03-1

HL03-2

HL02-1

HL02-2

HL01-1

HL01-2

构造图

［叁］

活化建筑　场所新生

广东省人民医院餐厅楼改造

项目名称：广东省人民医院餐厅楼改造
项目地点：广州市越秀区中山二路106号
设计单位：华南理工大学建筑设计研究院有限公司
项目负责及主创：陈文东
设计团队：陈文东、陈承邦、余万里、刘洪文、翁鑫威、劳晓杰、周颖彬、郑洋、
　　　　　李耿吉、郑景富、文瑶、李慧雯　等
用地面积：528m²
建筑面积：2518m²
设计时间：2019 年 12 月~2020 年 5 月
建设时间：2021 年 1 月—2021 年 12 月
摄　　影：诺金浮图摄影工作室　徐勉

扫码看视频

广东省人民医院餐厅楼改造

随着社会经济和技术的发展，人们对生活环境质量提出了更高、更精细化的要求；社会整体建设高峰期已经过去，过去30年来建成的大量建筑物，面临着进一步更新优化以适应当前及未来更为个性化需求的问题。因此在新时期如何利用有效的活化新生策略，为既有建筑的创新升级注入更多活力，激发建筑空间环境深层次的潜力，使其在现实生活中发挥更积极的作用，无疑是广大建筑师面临的极为迫切的时代课题。

广东省人民医院（简称省医）创建于1946年，主院区位于广州市越秀区中山二路106号，医院建筑面积近23万 m²。省医餐厅楼始建于1993年，最初是作为制剂楼而设计的，2004年增加了两层半圆形的钢结构作为就餐空间，改造为餐厅楼。历经改造的餐厅楼受原有空间结构的制约，使用中在交通组织、安全疏散、使用功能、层高限制、结构安全等方面均存在缺陷和不足，不仅影响了使用功能，也影响了整体的环境质量。

2004年改造后，餐厅楼历经功能变化及外部建筑环境的更替，在使用16年后，其功能和空间已跟不上省医的发展需求，于是领导班子决定做一个全面的整体升级改造。我们团队在2019年5月正式接受省医餐厅楼升级改造的任务，在此之前已经开展了一年多的省医整体空间环境研究，以期提升省医的整体空间环境质量。研究内容包括总体功能布局的现状及优化对策、外部环境空间整体优化对策、管线系统的现状及优化对策等方面，通过全面深入了解现状，为未来的整体升级更新打下基础。

基于扎实的整体空间研究，设计团队针对省医餐厅楼改造的现状及目标，思考"建筑师能为社会做什么"这一深刻的职业问题，以"建筑六式"为指引，回归建筑本质，提出了"弱建筑、强氛围"的活化新生策略，顺利通过方案汇报、规划审批、设计审查，最终在疫情期间施工，并于2021年12月竣工投入使用。改造后的省医餐厅楼，获得了业主、广大医护人员、前来就诊的广大病患及家属的一致认同和高度评价。

从建成的环境来看，不仅为省医职工提供了一个高品质的放松舒适的就餐环境，还为省医整体空间环境品质的提升作出了积极的贡献，也为老建筑的更新改造提供了一种有效的创新策略，体现了团队在思考"建筑如何为社会、为人创造更为有价值空间环境"方面的探索和努力。设计以简约明快的建筑形象、清晰明确的技术手段，实现超越时空与场所的对话的精神性追求，以此致敬路易斯·康一直崇尚的建筑的精神性追求。

1 场所对话，空间交融

省医的外部空间是一个有机关联的整体，其空间架构、功能布局、交通组织、景观营造、人文氛围等规划设计和空间体验等元素互相作用，共同形成省医的外部公共空间系统。由于长期渐进式无组织更新，导致省医的外部公共空间显得局促断裂，整体性缺失，从而渐渐失去其个性和特色，变得消极，不适应当前和未来的发展需求。

省医职工餐厅楼的更新改造是从根本上提升空间环境质量的一个重要契机，设计基于前期扎实的调研分析工作，以场所对话和空间交融为目标和策略，以"建筑六式"为指引，制定出整体性的优化设计策略。设计重

心不仅要处理好餐厅更新改造的内部功能、交通空间的优化提升，更要通过整体性的优化设计，提升省医外部公共空间的环境质量。建成后，省医餐厅楼不仅很好地融入了省医整体外部公共空间环境中，成为外部公共空间系统中的积极一员，更在深层次激活了整体空间活力，展现出积极的场所对话氛围，形成良好的看与被看的对话关系。

通过省医餐厅楼的升级改造，以一个"弱建筑"来强化整体空间场所氛围，建筑实体退隐为外部公共空间的背景，体现出连续、延绵、渐变的建筑特质，为广大使用者提供了舒适宜人的高品质外部公共空间环境。在这里可以体验绿树清风、天光云影，感受时节变动，疗愈疲惫身心。

2 自然入境，精神栖所

在老城区高密度的老旧医院中，如何为使用者营造出一个既能适应特定功能需求、又能符合当前社会对空间环境质量要求日益提高的趋势，既安全高效、又舒适宜人的整体空间环境，是我一直追求的目标。在对物质空间环境提升和重建的过程中，物质性和形式感固然重要，但如何让空间超越实体呈现精神性的特质，却是我更为关注的方面。

省医场地环境中，既有建筑群以其复杂的功能和庞大的体量，构成外部空间中占据绝对优势的存在，而外部空间则被挤压成零星的片段，广场、绿地、灌木、路径等空间元素关系游离、整体破碎。经过系统研究，我发现，"自然"可以作为一个有效的整合因素，借此修复相互分离的元素。通过引入和凸显"自然"，建筑实体可以放弃空间主体的垄断地位，退而成为外部公共空间环境的一个有机组成部分，新旧建筑、树荫凉风、天光云影、四时变幻，再次成为省医外部公共空间的主角，它们相得益彰、互相映衬，营造出一种亲和自然、轻松愉快的环境氛围，有效缓解了医护工作者、就医病患及其家属在医院环境中紧张焦虑的情绪。

面向省医内庭院的通透玻璃立面，展现出超宽广的景观视野，将室内外空间的时光流逝、光影变化悉数呈现。通过这个立面设计，让整体空间环境体现了连续、延绵、渐变的特征。对在此就餐的医护人员而言，这里不仅提供了一个轻松愉悦的就餐空间，更是一个可以让他感受自然、放下压力，给身体和精神充电的中转站。通过建筑的透明性，将空间内温暖轻松的氛围传递到外部公共空间的每个角落，使整个医院都笼罩上一层温和而暖心的面纱。

3 社区明灯，希望之光

省医餐厅楼2004年的改造已经在6层主体结构的西侧，加建了一个半圆形的两层钢结构作为就餐空间的补充，但其原有的交通、消防、功能及结构的缺陷等问题一直没有得到根本性的改善，因此本次改造需拆除后加的半圆形结构，将半圆形的体量改建成5层，同时增加一个疏散楼梯和观光电梯，以满足当前及未来的个性化需求。改建的5层建筑仍采用半圆形体量，以圆润的姿态迎接来自内庭院所有方位的视线，形成视觉焦点，同时强化整体空间连续、延绵、渐变的特征。

新加建的5层半圆形体量，其采用通透玻璃的立面做法，意在凸显建筑物面对内庭院的180°景观视野。经过多方案比较和多角度研究，半圆形玻璃面被分解成2.0m×4.5m的平面化矩形玻璃单元，单元之间相互错位安装，形成丰富的肌理层次。鳞次栉比的玻璃单元随着时节变换，在太阳光和室内外灯光不同的照明条件下，呈现出极其丰富而细腻的建筑表情，展现出具有生命活力的生动形态 建筑背光时玻璃总体上呈现通透的特性，室内活动及场景氛围外溢至户外公共空间，体现出内庭院空间连续、延绵的对话语境；午后阳光开始爬上玻璃，天光被不同角度的玻璃面反映出来，每块玻璃呈现出不同的光影效果，整体上看既有统一的肌理感又有戏剧性的变化张力，精彩绝伦；夜幕降临，华灯初上，坚硬的玻璃褪去冰冷，化身晶莹剔透的温暖水晶，变幻出莫测的神秘特征，营造出温馨轻松的环境氛围，在省医点亮了一盏希望的明灯，传达出超越物质实体的场所精神的力量。

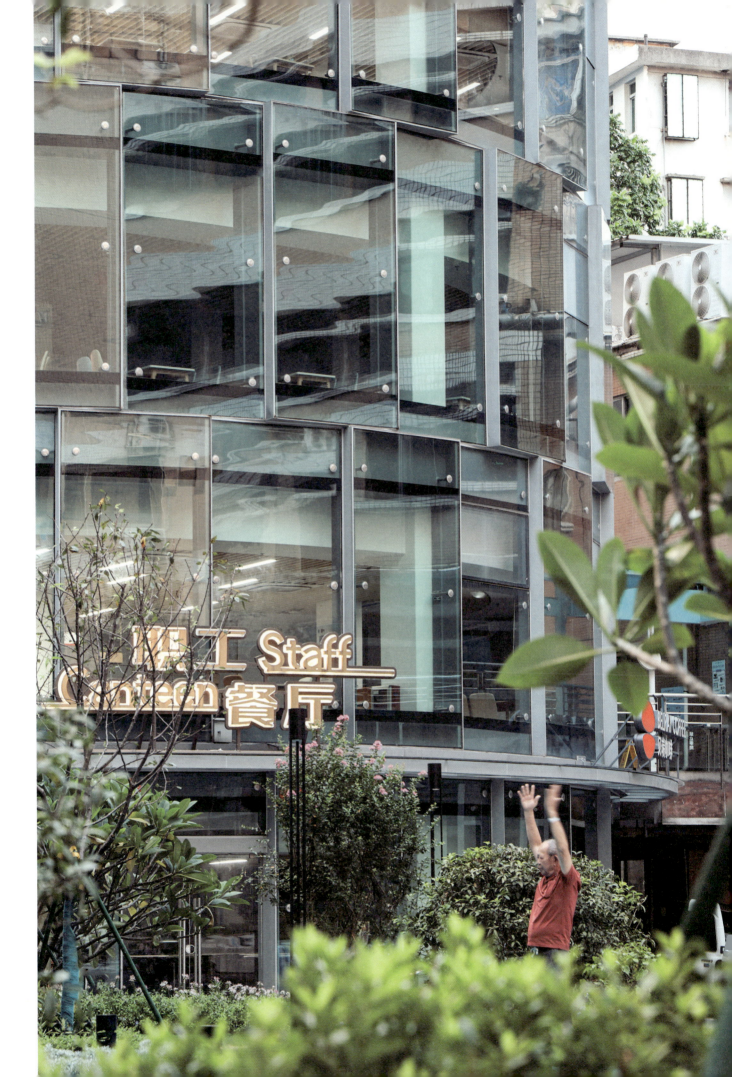

4 执器问道，追随建筑

我在拙著《建筑六式》中总结了传统经验、现代主义大师和当代多元化建筑的创作案例及其启示，提出了"连续、延绵、渐变、抽象、时节、流动"六种创作手法和技巧，用以指导建筑创作实践；省医餐厅楼改造以"建筑六式"为指引，在功能优化、交通整合、结构完善、空间营造、造型设计等方面进行了全方位的尝试和探索。设计于1992年的制剂楼是全手工绘制的施工图，设计图纸结构清晰、逻辑严密。这个老建筑经过近30年的使用，在结构安全、抗震性能方面均不能满足当前和未来的需求，因此在改造设计的过程中对建筑主体结构进行了安全鉴定，然后结合功能需求对梁、板、柱进行了全方位的加固改造；改造后的餐厅楼引入咖啡室和花店，同时在不同楼层设置自选餐厅、自助餐厅、点菜餐厅、包间等各种类型的餐饮服务，为全体职工提供了一个安全、卫生、高效、舒适的就餐休息场所。另外通过双层中空玻璃的运用，使建筑物在满足绿色节能要求的前提下，尽可能降低空调能耗。建成后的环境氛围是宜人舒适的；同时通过交通体系的完善，补充了观光梯和消防疏散梯，增加了安全性和便利性；以上具体措施是形而下的"器"。借由"器"，我们呈现出"建筑的全貌"。

建筑是物质性和精神性的统一体，其中物质性是相对显性的元素，往往通过造型、功能、空间、结构等方面呈现出来，是相对容易学习和掌握的内容，也是建筑最基本的属性。成功的建筑往往通过恰当的设计技巧呈现出良好的物质性特征；同时通过物质性的充分展示，将人的主观体验、精神性感受很好地体现出来；因而建筑的物质性是通向精神性的必要媒介。建筑的精神性虽由建筑的物质性传递出来，但人的体验感受才是建筑精神性得以体现的途径，也就是说，没有人就没有建筑的精神性。我们用"建筑六式"这些技术措施和手段去实现省医餐厅楼的存量优化和整体品质提升，最主要的目的是希望探讨形而上的"建筑之道"，即精神性的提炼与表达。于是很有意思地，我们的关注点又重新回到"人"这个层面上来。

在当前和未来很长一段时间内，社会发展要求我们将更加注重城市内部空间的精细化利用，全面提升建筑空间的环境品质。通过借由形而下的"器"，凸显建筑空间环境的精神性，让人们更容易体会到美好的生活空间环境所营造出来的意境。对于省医餐厅楼更新改造而言，我们意图传达的精神性是安全、便利、舒适、温暖的空间体验，感受像"家"一样轻松、舒适的就医及工作环境氛围，而"连续、延绵、渐变、抽象、时节、流动"这"建筑六式"就是帮助我们实现这个目标的有效途径。这就是我所要阐述的所谓"建筑的全貌"。在这个认知体系内，建筑物质性、使用主体（人）、建筑精神性，三者是相互成就的关系，它们的共同作用使建筑呈现出更为全面的整体面貌。这种认知更加贴合路易斯·康建筑精神性的终极目标，因此我把建筑看成是一种认识世界、表达思想的媒介，是值得为之奉献一生的道路。省医餐厅楼改造就是这样一个有意思的探索的开始，它似乎为我打开了一扇门，让我看到我原本认知系统之外的更多可能性。

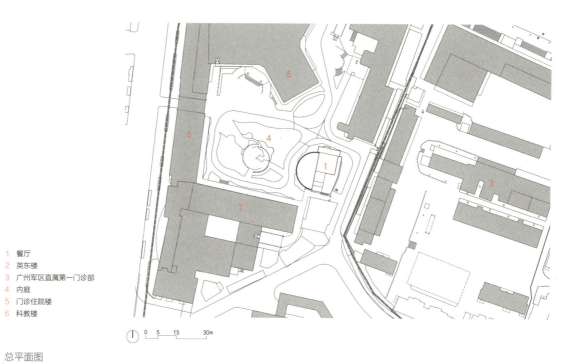

1　餐厅
2　英东楼
3　广州军区直属第一门诊部
4　内庭
5　门诊住院楼
6　科教楼

总平面图

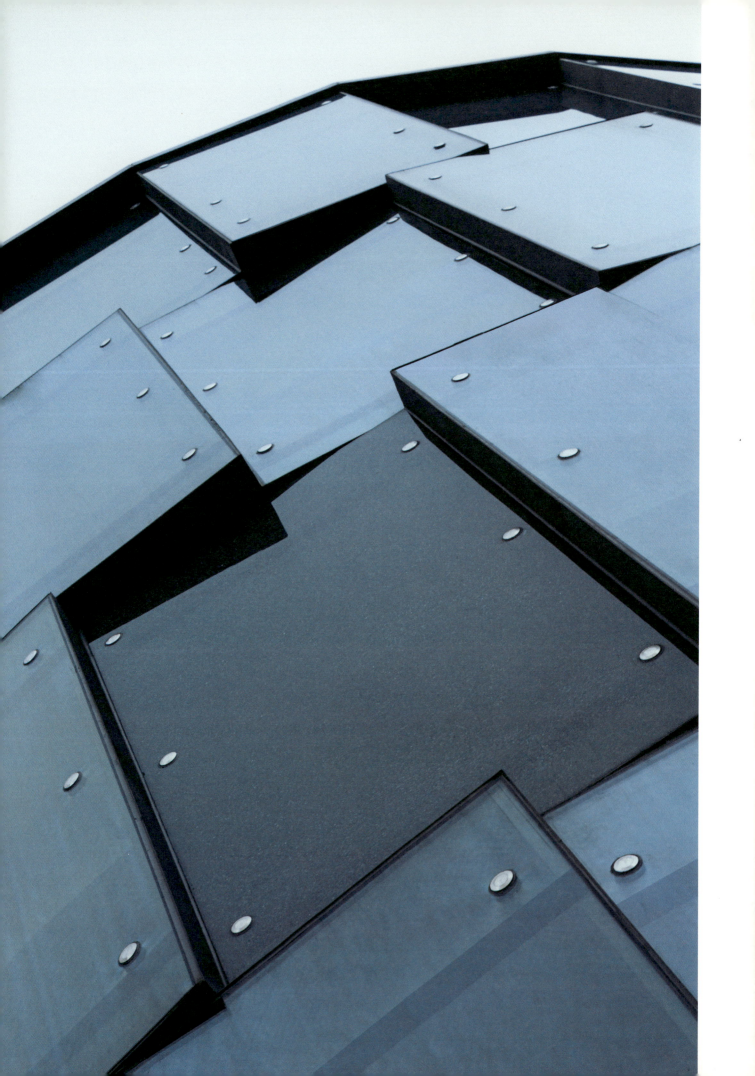

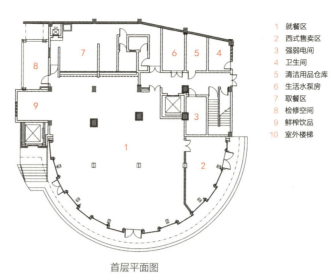

首层平面图

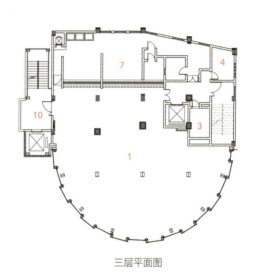

三层平面图

剖面图

1　就餐区
2　西式售卖区
3　强弱电间
4　卫生间
5　清洁用品仓库
6　生活水泵房
7　取餐区
8　检修空间
9　鲜榨饮品
10　室外楼梯

1　就餐区
2　取餐区
3　洗碗区
4　烹饪区
5　包房

0　2　4　　8m

［ 肆 ］

融合提升　传承创新

三亚市崖州区水南幼儿园

项目名称：三亚市崖州区水南幼儿园

设计单位：华南理工大学建筑设计研究院有限公司

项目负责及主创：陈文东

设计团队：陈文东、陈承邦、刘洪文、翁鑫威、申沁竹、黎荣欣、董春江、陈小锋、
　　　　　林俊生、许伊那、何耀炳、吴子豪、李雄华、杨翔云、张邦图、周嘉欣、
　　　　　张欣欣、周华忠　等

初步设计：广东名都设计有限公司

施工图设计：海南省设计研究院有限公司

用地面积：5288.6m²

建筑面积：3490.79m²

结构形式：钢筋混凝土框架结构

摄　　影：阿尔法摄影　邹林

扫码看视频

三亚市崖州区水南幼儿园

水南幼儿园位于三亚市崖州区水南村,2020年开始设计,2023年建成投入使用。总建筑面积3490.79m²,为9班幼儿园,地上3层框架架构(局部4层),设计以白色调、现代风格为主,融合多种设计思路,旨在为当地孩子打造一个功能性与体验性兼具,与一线城市接轨的高端成长空间。

1 文化传承,梦回桃源

"珠崖风景水南村,山下人家林下门。鹦鹉巢时椰结子,鹧鸪啼处竹生孙。鱼盐家给无墟市,禾黍年登有酒樽。远客杖藜来往熟,却疑身世在桃源。"北宋宰相卢多逊被贬流放三亚期间于水南村居住时写下了这样的诗句。卢多逊博学多才,编著了《旧五代史》。他在水南期间积极传播文化知识,推广文化教育,深刻影响了海南地区的文化历史发展。

水南村是三亚市崖州区著名的古文化村落,水南幼儿园选址于近邻卢多逊历史文化研究所的位置,设计采用坡屋顶的形式回应卢多逊历史文化研究所的坡屋面,以现代语言致敬文化传播的先驱。千年前,卢多逊在水南播下了文化种子,施行教化,促进海南历史文化的发展。今天,在一大片杂乱的建筑群中,水南幼儿园作为一个文化教育和传播机构,如一盏明灯,照亮童心,连接千万个家庭。它既是大众心里的文化地标,又是家家户户积极参与的社区功能中心。

从建成的效果和使用后的反映来看,该建筑不仅在城市关系、建筑体量和尺度等方面是得体和优雅的,同时,显示出它作为文化启蒙、传承机构的重要作用,它似乎在传递着一种力量,无论周遭环境如何,文化总是我们民族的"芯",教育总是我们社会的那一方净土,是社会的桃花源,也是我们心中的桃花源。净地藏诗意,文化焕新风。水南幼儿园传承文化,让人们回归到卢多逊诗句中"却疑身世在桃源"的美好境界。

2 水南肌理,融合城乡

水南幼儿园所处区域对建筑高度、色彩等有着较严格的规定。远处城市的高楼鳞次栉比,而幼儿园周边环境则基本属于宅基地性质。水南幼儿园就处于这样的城乡接合部位置。它既是从乡村文化到城市文化的连接点,也是从乡村杂乱民房到城市现代化建筑的连接点。水南幼儿园的设计遵循当地对于建筑的严格规定,通过体形、色彩、高度等特色设计,在无序的空间当中寻找有序,在碎片当中形成整体,它既是一个独立的建筑,也跟周边环境互联互通,水乳交融,形成了独特的"水南肌理"。

水南幼儿园从方案到实施的过程中,用地边界几经变化,设计的过程就是在不停地"适应":适应用地条件的变化、适应外部城乡融合的大格局、适应规划设计条件不断调整……为了更好地"适应",设计采用化整为零的策略,将功能单元、空间和尺度模块化。这一策略有效拆解了对"水南肌理"而言过于庞大的三千多平方米的建筑体量,同时,单元之间的灵活组织又进一步提高了建筑群体对不规则场地边界的适应性。

最终成果呈现出,谦和得体的体量不仅能够与近邻的"水南肌理"有机融合,也能与不远处蓬勃发展的新

城建设积极互动对话。不仅适应了城乡融合的格局，也为城乡进一步的有机共融提供了一种新的思路和策略。

3 创新策略，提升品质

当时，幼儿园周边建筑几乎都贴线布置，建筑之间的外部空间零碎而缺乏组织，缺乏"看与被看"的场所，总体外部公共空间品质不高。本着"环保、便利、审美，高效利用空间，提升生活品质"的基本原则，水南幼儿园的设计采用"退""空""升"的创新策略，提升环境品质。

退，即建筑退离主要边界，形成更多退让的缓冲空间，营造出尺度适宜的街景环境；空，即在建筑外围布置绿化广场和活动场地，以较集中的"空"的状态与外界连接对话；升，即将建筑的公共活动平台抬升到二层，在首层入口门厅处形成巨大的架空灰空间，使外部街道空间延伸到架空的半室内，进一步减少外部空间的压迫感。而升到二层的景观活动平台也成为一个与外部公共空间对话的媒介。

通过"退""空""升"的创新策略，一方面提升了幼儿园室内外活动场所的环境质量，另一方面，使水南幼儿园与当地环境融合，无论是远看、近观还是鸟瞰，它都是一道靓丽的风景线，给予外部环境更多的可呼吸空间，以一己之力提升了该地区的整体环境质量。

4 适应气候，对话自然

水南村近海临湾，南依南山岭，北傍宁远河，全年高温多雨，日照充足，雨水丰沛，是典型的亚热带海洋性季风气候，每年6月到10月为台风季。结合其特殊的地域气候，在尽量减少能耗的前提下，幼儿园的设计既要给正常教学活动提供一个相对舒适宜人的空间环境，也要考虑降低炎热、雨水过多带来的消极影响。

为此，设计从三个方面进行了创新。第一，引入一个起拱的架空屋面平台，平台下是可以实现遮阳、通风、采光的敞开式活动空间，可全天候开展半室外教学活动；平台之上则是模仿自然山丘的户外活动空

间。在高密度的"水南肌理"中引入自然要素，打造出人与自然、建筑与山海自然环境对话的平台。第二，受限于本地区对建筑高度的严格管控和幼儿园使用功能的层高要求，设计选择了坡屋面的形式，以檐口的高度来满足规划条件对高度的管控。第三，采用双坡屋架形式，一是呼应了近邻的卢多逊历史文化研究所的传统坡屋面形式，二是在三层屋面形成了一个可以过滤日光的室外活动平台，弥补了幼儿园用地紧张而活动场所不足的缺陷。镂空屋架仿佛给建筑穿起一层轻纱，使第三层建筑免于直接曝晒，减少热辐射。屋顶活动平台由于遮阳屋架的存在，使得室外活动有了比较舒适的物理环境。

依山傍海临湾，水南幼儿园的设计充分考虑了地理、气候和人文居住的融合，形体和空间的设计服务于幼儿园特殊的教学活动，室内外空间的设计均体现其地域特色及其人与自然相融合的特点。

5 特色空间，感受魅力

水南幼儿园的设计在满足相关设计规范的同时，将更多的精力放在标准教学活动之外的公共空间的营造上。设计摒弃装饰性的元素，巧妙进行空间设计，通过特殊的结构设计形成新的空间，空间与形式互相表现，打通有形的空间与无形的想象，把人工环境与自然要素通过不同的融合方式形成一系列丰富多样的空间场所。在水南幼儿园，孩子们可以根据我们提供的线索去探索与想象，发现空间的魅力。

例如，我们设置的拱起的上人屋面平台，意在让孩子们体验攀爬山坡的感受；室内楼梯支撑的剪力墙到了上部翻转成为楼梯顶棚，自然演化成一朵小花苗的形象，外部看则像是港口码头塔吊；不同单元之间的楼梯间剪力墙造型涂上各异的色彩，赋予素雅的建筑群以明确的方位感和空间识别性，让小朋友感到空间设计的艺术魅力；遮阳构件在纯色墙面或地面上留下丰富的光影，孩子们可以在光影变幻中，感受到时光流逝，以及自然和建筑的对话与关联……诸如此类的场景，必定会给在此

学习、生活的小朋友留下些许不同的印象，在他们幼小的心灵深处播种下一颗发现空间魅力、感受生活美感的种子。如若这样，营造素质教育之乐园的目的便达到了。

6 回归建筑六式，传播建筑文化

水南幼儿园的设计，也是"建筑六式"的集中体现。

在这里，建成的建筑已经与更大尺度的城市空间有机融合在一起；连续的空间不仅创造出视觉的连续性感受，更创造出多个首层的立体感受；架空空间和屋面平台的引入，进一步模糊了室内外空间的界限，呈现连续、延绵、渐变的特征；一系列由结构构件演变而来的具有明显形式隐喻的元素（剪力墙楼梯间、重复的三角形镂空屋架等），又充分体现了现代建筑的抽象性特征；起伏延绵的屋面平台、光影丰富的遮阳构架，建构出抽象的设计意境；时节变换，空间流动，水南幼儿园因此拥有了与使用者进行沟通与对话的特质和情感。

通过回归"建筑六式"，水南幼儿园的设计在城市关系、功能布局、空间营造、景观引入、建筑内涵、自然对话等方面进行了一系列有益的探索和尝试，实现了引起情感共鸣、向大众传播建筑文化的目的。

剖面图 1

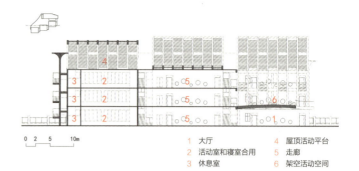

剖面图 2

1	大厅	4	屋顶活动平台
2	活动室和寝室合用	5	走廊
3	休息室	6	架空活动空间

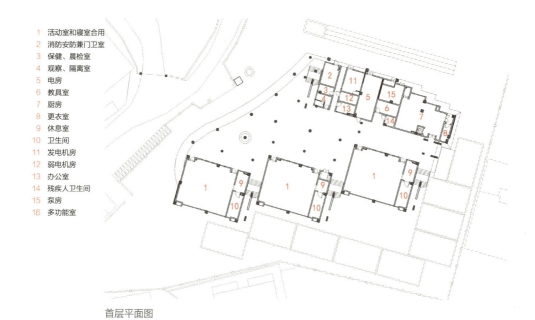

1 活动室和寝室合用
2 消防安防兼门卫室
3 保健、晨检室
4 观察、隔离室
5 电房
6 教具室
7 厨房
8 更衣室
9 休息室
10 卫生间
11 发电机房
12 弱电机房
13 办公室
14 残疾人卫生间
15 泵房
16 多功能室

首层平面图

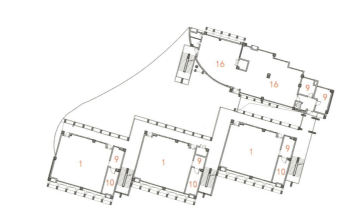

二层平面图

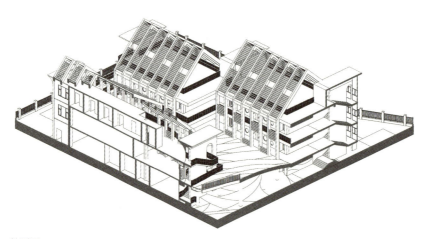

轴测图

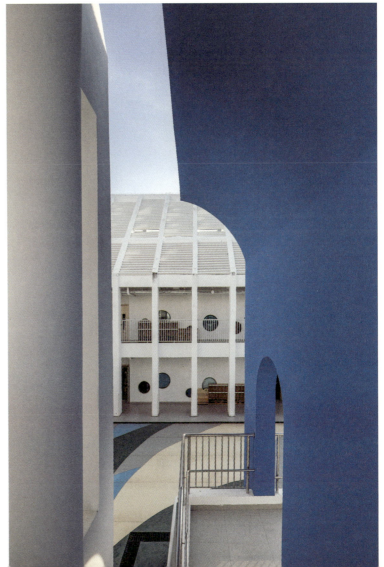

1　水南幼儿园　　　　　　　　4　崖城大桥
2　海南省卢多逊历史文化研究所　5　宁远河
3　水南村居委会　　　　　　　　6　崖城卫生院

总平面图

［ 伍 ］

疗愈环境　低碳匠心

广州市第一人民医院外部公共空间整体提升改造

项目名称：广州市第一人民医院外部公共空间整体提升改造
项目地点：广州市越秀区盘福路 1 号广州市第一人民医院内
设计单位：华南理工大学建筑设计研究院有限公司
设计团队：郭卫宏、陈文东（专业负责及主创）、邱伟立、赵丹、冯雪莹、陈卓宇、
　　　　　张邦图、李耿吉、文瑶、周华忠　等
用地面积：14019㎡
设计时间：2018 年 8 月
竣工时间：2019 年 5 月
摄　　影：诺金浮图摄影工作室　徐勉

扫码看视频

广州市第一人民医院外部公共空间整体提升改造

既有大型综合医院的外部公共空间常常为设计师所忽略，理论思考和实践应用都存在一定不足，设计手法相对简陋。改造前的广州市第一人民医院外部公共空间同样存在着环境嘈杂、各种流线混杂交叉、就医体验和使用感受不佳的现实状况。为了寻找更为有利的外部公共空间改造思路和方法，我组织团队对广州市第一人民医院外部公共空间改造项目进行了系统研究，利用产、学、研相结合的模式，将理论研究和实践有机结合在一起进行系统分析，研究成果于 2021 年成功申请到住房和城乡建设部科学技术计划项目"既有大型综合医院外部公共空间更新改造示范性技术方法"课题，并整理出版了专著《既有大型医院外部公共空间改造方法》。

1 亦园亦林，不止景观

广州市第一人民医院前身为 1899 年的广州城西方便所，至今已有 120 余年的历史。医院南部紧邻著名的光孝寺，东西向主干道长约 300m，呈带状布局。医院内古榕树枝繁叶茂，树冠达十层楼高，与南部的光孝寺环境相互联通，在生态环境层面形成一个完整的整体。因此，医院绿树成荫的外部公共空间向外溢出，并不仅仅局限于医院本身，这在建筑密度相对较高的广州老城区中显得尤为珍贵。所以在改造的一开始，我们就尝试将广州市第一人民医院市医大道的外部公共空间作为越秀区绿地生态系统的一个组成单元，从亲生物性的角度，把之前被忽视的明媚阳光、新鲜空气、清脆鸟叫虫鸣，重新引入大众视野，打造亦园亦林、舒适宜人的康养环境和便利高效的就医体验。为此，我们基于现状调研和理论研究，制定出一套针对空间环境质量整体提升的优化策略，在功能、交通、人文氛围等方面进行整体性的优化设计。同时，我们将医院放置于更为宽广的城市环境范围内，进行系统研究，强化不同元素之间的关联性分析，从而在系统之间形成有机的互动。改造后的广州市第一人民医院外部公共空间，与外部的城市开放空间形成一个有机的整体，在高密度城市环境里，和光孝寺一起形成完整的城市公共空间开放绿地系统，给城市居民带来更多的空间使用体验，得到了医院领导、医护人员、广大病患、陪同家属、周边居民的一致好评，创作团队一开始的基于社会需要而进行设计的目标得以充分实现。在这里，外部公共空间的优化改造不仅仅是景观方面的美化，更是基于对人性需求的充分考量而做出的空间环境质量的整体优化提升。

2 空间叙事，医养兼顾

作为始建于清光绪二十五年（1899 年）、具有悠久发展历史的医院，广州市第一人民医院为民生作出巨大贡献，涌现出许多可歌可泣的感人事迹。这些散落在历史长河中的故事，显示出广州市第一人民医院与广州城市发展的紧密关联，深深打动了我。经过多次现场踏勘，我决定把这东西向总长约 300m 的市医大道打造成一个开放式的"院史馆"，将 120 多年市医重要的历史事件在外部公共空间中展示出来，让人们从东门走向西门的过程中，一边观景一边体验，让故事深入人心、安抚病患、疗愈大众。这一想法得到当时广州市第一人民医院领导班子的一致认同，设计团队以此为方向，对空间叙事进行了全面深入的研究。

空间叙事轴由东门开始，步移景异地逐步往西门发展，结合具体空间节点，用起承转合的手法，布置了以下叙事内容：1899年城西方便所、1901年城西方便医院、古城墙典故、1921年广州市立医院、1935年广东仁爱医院（前身）、1948年广州方便医院、1954年广州市第一人民医院、1982年广州医学院教学医院、1993年三级甲等医院、2003年抗击非典立功勋、2014年广州市第一人民医院南沙医院……相对应的空间节点分别为：地景台阶（立院雏形）、绿化药园（立院根基）、城墙回音广场（立院史记）、方便石与念祖亭（立院理念）、饮水思源泉（铭记历史，展望未来）、教学相长庭（多层次交流互动平台）、方便园（自然形态绿色园林）、功勋钟亭（钟声悠扬，博古通今）、休闲密林（生态环境，绿色低碳）……

在空间叙事的格局下，广州市第一人民医院的外部公共空间作为城市公共空间开放系统中的积极分子，以更为开放多元的方式融入广州市环境系统中，为广州的绿色生态可持续发展提供了有力的保障和支持，同时也为院内的使用者提供了高品质的户外空间。

3 细微关怀，大爱仁心

广州老城区旧医院的外部公共空间由于经历了较长时间的渐进式更新建设，加上进入医院的机动车日益增多，导致大部分旧医院的外部公共空间总体空间质量较差。改造前的广州市第一民医院外部公共空间人车混杂，几乎成了一个大型的户外停车场，就医的安全性、便利性非常差。因此改造设计将功能、交通、景观作为一个整体进行优化整合，提出步行优先的策略，把机动车引入地下车库，地面除紧急车辆和救护车外，不设其他停车位。既考虑医院各功能单元之间物流、人流和信息流的便捷通畅，又把先前被机动车占用的外部空间，重新还给医院的病患、医护及后勤人员，营造出步行优先的人性化外部公共空间开放系统，安全、高效、便利，从根本上改善外部公共空间的使用感受。

由于历史发展的原因，市医大道下有清代城墙的遗址，经过多次填埋，导致南面高而北面低，倾斜角度最大达到15度，不仅不利于使用，在观感和体验上也让人不舒服。改造设计将东西向道路填平后，道路横断面呈水平状，并利用道路北侧各建筑出入口之间的高差，设计成树池和座椅有机结合的空间点，巧妙连接高差，形成各自独立的空间领域，达到了空间体验多元化的效果。

树池与座椅的一体化设计，让使用者有机会以全新的角度去感受上百年古树带来的特殊场所体验。在高大挺拔的古树下，清风拂面，光线柔和，鸟鸣清脆，心情舒畅，仿佛在原始树林里纵情呼吸。这种在闹市中返璞归真的意境，对病患及医护人员而言都是极为珍贵的资源。这种环境氛围对于疗愈身心、提高康复效率也有着非常重要的积极作用，充分显示出设计者从细微处着手，展现大爱仁心的姿态。

4 文化入心，低碳设计

对一个有着120多年历史的旧医院而言，如何用时代性的语言传承和发扬"善守之堂、岭南名院"的优良历史传统，便是设计核心之一。我在《现代医疗建筑创作的"三Y"理念与实践》一文中，梳理出一套针对提高医疗类建筑空间环境质量的"三Y"设计理念，即"环境医人（病患）""环境怡人（医务工作者）""环境育人（成长中的医生及医学院校学生）"。广州市第一人民医院外部公共空间整体改造项目就贯彻了"三Y"理念，将文化作为灵魂注入每一个场所细节中，让使用者通过"五感"（形、声、闻、味、触）感受到贴心的关怀。例如，将"方便石"与"念祖亭"整合进设计中，化有形为无形，以润物细无声的姿态疗愈每一个人。另外一个重要理念就是低碳设计理念。设计充分整合利用现有的素材，树、亭、石、水均作为现有元素，充当外部公共空间的营造主体，而新介入的树池座椅、教学相长亭地面等则使用木材建造，较大程度使用高性价比的固碳材料。通过整合已有资源及使用高固碳材料，实现了设计的低碳化，营造出亲人、便民、舒适、高效的家一样健康、安全、温情的广州市第一人民医院外部公共空间。

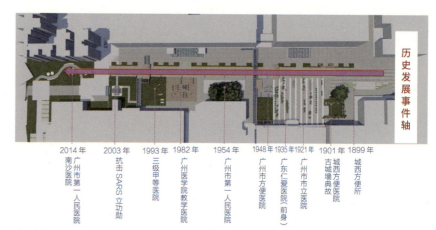

历史发展事件轴

2014年	2003年	1993年	1982年	1954年	1948年	1935年	1921年	1901年	1899年
广州市第一人民医院南沙医院	抗击SARS立功勋	三级甲等医院	广州医学院教学医院	广州市第一人民医院	广州市方便医院	广东仁爱医院（前身）	广州市市立医院	城西方便医院古城墙典故	城西方便所

时间大事记的环境表达

休闲密林（生态环境、绿色低碳）	功勋钟亭（钟声悠扬、博古通令）	方便园（自然形态绿色园林）	教学相长庭（多层次交流互动平台）	饮水思源泉（铭记历史、展望未来）	方便石与亭（立院理念）	城墙回音广场（立院史记）	绿化药园（立院根基）	地景台阶（立院雏形）

主题空间节点

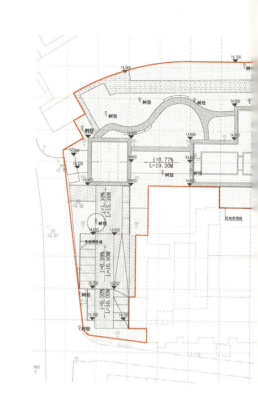

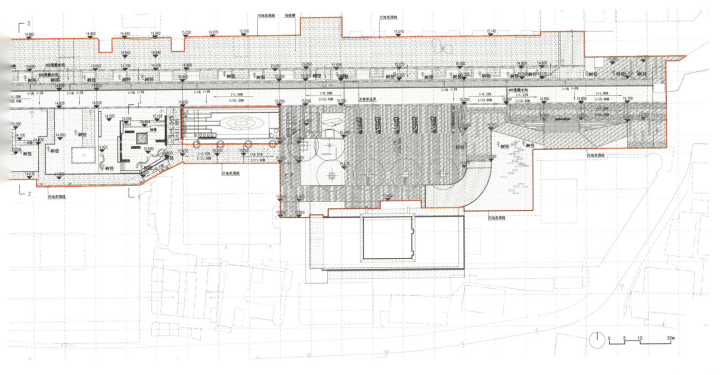

总平面图

[陆]

花漾天河　和合圆明

2024 年天河体育中心花市规划及牌楼设计

项目名称：2024 年天河体育中心花市规划及牌楼设计
设计单位：华南理工大学建筑设计研究院有限公司
项目负责及主创：陈文东
设计团队：陈文东、陈承邦、谢添、郑锐、张昕图、黄日明
项目地点：广东省广州市天河体育中心
建筑面积：投影面积约 180m²
结构形式：钢结构体系
设计时间：2023 年 11 月
完成时间：2024 年 2 月
摄　　影：诺金视图摄影工作室、徐勉、Christoph Kügler（德）
泛光顾问：广州市西贝照明科技股份有限公司、郑皓铭、黄健明、李光海、王永增、
　　　　　龙嘉敏、孟奇、马泽
业 主 方：广州市天河区花市指挥部、广州市天河区建设工程项目代建局

扫码看视频

2024 年天河体育中心花市规划及牌楼设计

迎春花市是广府地区春节前夕规模最大的一项传统民俗，形成于明清时期，流行于珠三角地区及香港、澳门等地。2007 年迎春花市被列入广东省第二批省级非物质文化遗产名录，是广东省省级非物质文化遗产之一。据说从唐朝起，广府民间已经有专门栽培以供贺年的年橘。到了明清时期，柑橘业已发展至商品生产阶段，年橘在芳村、番禺、南海等地均有种植。

广州的迎春花市又称年宵花市，是独具岭南特色的民俗景观，为广州年节不可缺少的组成部分，在广州地区有"逛花街、大过年"的说法。广州迎春花市的形成可追溯至明朝，当时广州芳村的花埭（今花地）已成为花木产区，搭起一排排展卖鲜花、鲜果及年宵用品的竹棚，人们称之为"花街"。广州迎春花市一年举行一次，除夕前 3~6 天开始，年初一凌晨结束。

1 打破时空维度，龙腾天河

为弘扬岭南文化传统，展示天河时代风貌，进一步擦亮"广州过年、花城看花"城市文化名片，提升天河区迎春花市品牌影响力，营造"幸福天河"的节日氛围，吸引更多海内外游客与天河区市民一起逛花市、过新年，天河区高度重视，成立了广州市天河区花市指挥部，积极部署各项工作。按广州市花市工作总体安排，2024年天河迎春花市以"花漾天河年味'龙'"为主题，分为"传统迎春花市"和"花市嘉年华"两部分，并对花市规划、牌楼设计的创新创意提出了更高的要求。

广州花市经过多年的发展，形成了很多既贴合大众欣赏品位又符合市场需求的成熟做法和经验，牌楼设计、花市布局、档位功能设置、安全应急管理、市场供应等环节都有常规要求。在此基础上，设计团队将建筑学的理念引入花市创作，传统与现代、平面和立体的结合打破了空间维度。横看是一幅优美的画卷；竖看是文化的雕塑；环绕而观，龙腾天河，和合圆满，那是中华民族精神的图腾，象征年轻的天河开拓进取、改革创新的岭南精神。

2 融入营城理念，花漾天河

广州市天河区在贯彻落实《中共广东省委关于推进绿美广东生态建设的决定》过程中，结合自身的生态环境优势，提出了"公园城区、绿美天河"的口号，在营造生态宜居城市环境中独树一帜，凸显出个性化的地区形象。天河区花市指挥部办公室结合城市建设新成就提出了"花漾天河年味'龙'"的主题。花市创新设计结合这一主题，通过独创的品牌形象进一步彰显和提升天河的生态人居地区形象，展示幸福天河、健康天河、未来天河的形象，使"公园城区、绿美天河"的文化身份进一步得到延展，拓展了花市设计的创意内涵。在2024 年天河体育中心花市总体规划和入口牌坊的设计（简称 2024 天河花市）中，设计团队将传统营城理念引入花市设计，整个花市就是一个微缩版的城市。

（1）天人合一理念的现代运用

2400 多年前的战国时期，《周礼·考工记》把方位和色彩结合起来，形成系统的方位识别体系，东为青、西为白、南为红、北为黑、中为黄，体现了古人在方位定向上的智慧；《周易》将金、木、水、火、土与东、西、南、

北、中对应起来,也体现了古人对自然和宇宙的深刻理解。

按照延展创意内涵的思路,2024天河花市借用中国古代营城"相天法地、礼乐秩序"的原则,对花市的方位定向、位置识别、功能组织和交通流线等进行精心设计,尝试在传统文化的延伸和阐述方面进行个性化的展示。

（2）简便的方位识别系统

龙年逛花市,龙王龙子来导航。

花市总体的方向定位与龙年对应的四海龙王相结合,方位的颜色与四龙的具体形态相关联,东、西、南、北四大龙王与四个方位的颜色有机联系在一起。

中国古代神话传说中龙生九子,各有所好,正好可以用来定位方向。环绕体育中心体育场外围的环形跑道,按龙王九子的顺序,结合方位颜色进行逆时针排布,形成了十三龙文化灯塔的总体规划布局,确立了花市空间格局。

瑞龙呈祥,顺势而为行大运。

古代方位定向理论与神话传说中瑞龙元素相交融,再结合体育中心健康步道的逆时针轨迹,使得在花市中行走的过程既是空间的流转,也是时间的流动,更是祥瑞之气的流动。

（3）沉浸式体验的"绿美天河"花市氛围营造

花市南区布置"喜跃龙门"立体花坛、和合牌楼、五彩花境、珍稀植物展区,以广州花市历史上最大面积的主题花海,营造"绿美天河"的节庆氛围。花市总体设置了牌楼展示路线、龙文化路线、年花主题路线、民俗文化路线、巡演路线五条特色流线,打造沉浸式花市体验。十三龙文化灯塔,犹如一台精密的"罗盘",融贯古今,对话时空,引领天河花市迈向更美好未来。

3 传承古人智慧,文赋天河

（1）逛天河花市,了解中国龙文化

总体规划顺应城市中轴空间秩序,充分利用体育中心的地形特点,由南至北进行功能分区,将龙文化元素巧妙融合于空间叙事之中,形成起—承—转—合之空间

序列,一步步将人群由入口牌楼经花卉长廊最终引导至花市空间高潮。花市高潮空间利用市民环形跑道布置贩卖档口,于东、南、西、北四入口处分别设置敖广、敖明、敖闰、敖顺四海龙王柱作为引导,以南入口为起点,顺应场地运动方向,按照九子长次顺序,逆时针依次设置囚牛、睚眦、嘲风、蒲牢、狻猊、霸下、狴犴、负屃、螭吻九组龙文化主题区,并在各主题区内合理分布盆花、鲜花、年货、工艺品等档位。在逛天河花市的过程中,市民可以全面了解中国龙文化。

（2）逛天河花市,领略中国人的宇宙观

花市的整体灯光及色彩设计考究自《周易》中古人对方位、自然和宇宙的理解,根据方位对应的卦象、五行来取对应色彩,并以之为依据进行灯光设计。行走在人潮拥挤的花市档口之间,主题、色彩、夜间灯光随着行径不断变化,区域之间的切换仿佛时间刻度,指示着空间与时间的双重变化。

（3）逛天河花市,感受广府花市文化传承之美

市民在体验2024天河花市传统年味的同时,可以深切感受到中国古代智慧在现实生活中的鲜活展现。环形花市九个功能区域,用文化灯塔的形式予以区分,布置相应的档口,功能清晰、方位明辨,大大提升了花市布局的效率。2024天河花市整体犹如神秘的"时空阵",将满满的祝愿与传承由过去传递到当下,又导向未来。

4 关联场地空间,沟通天河

（1）天河之芯,四通八达

第六届全运会于1987年11月在广州举行,天河体育中心就是为全运会而规划设计的,其很多设计都成为体育中心建设的先例。经过30多年的发展,围绕体育中心已经形成了城市CBD核心区和明确的广州新城市空间主轴线。该空间主轴线北联广州东站后的燕岭公园,往南经过珠江新城,跨过珠江、经过"小蛮腰"电视塔,再往南延伸至海珠湖湿地公园。空间格局宏大,城市骨架清晰。2024天河花市所在的体育中心,不仅是空间轴线的交会点,还是各种人员流线汇集的中心,

更是大众心目中天河区公共开放空间中最重要的心理地标。花市牌楼的位置位于体育中心入口处的咽喉部位。站在牌楼场地北望中信广场、南看"小蛮腰"电视塔，环绕场地的均为重要的城市地标建筑和城市公共开放空间。

（2）回环流动，聚气天河

在宏大的城市空间叙事背景下，以往平面化的牌楼设计模式，显然无法体现这一重要空间节点在节庆时刻的深刻意义。因此牌楼的设计引入三维空间体验的理念，使牌楼的形象不仅只有正面和背面，而是任何角度都可以成为它的正面。虚空的核心场所，正暗合了老子《道德经》中的"当其无，有室之用"的精神，以无为有，营造不是独立存在的开放场所。一方面，它与外界存在互视的关系，有非常多的视线通廊，勾连场所与外界的对话关联，体现"观景"和"借景"的关系；另一方面，通过虚空与外界实体的空间和视线上的互相补位，融合而成为新的城市空间组合关系，共同组成新的地标场景。椭圆形的立体牌楼恰如涟漪中心的波源，激起体育中心前广场处的空间共振，将天河的春天花讯"漾"向世界。从南往北，可以将牌楼看作是日晷的晷面，高耸的中信广场则是日晷的晷针，它们隔空组合，妙趣横生，成为城市公共生活的一件鲜活的艺术道具。正是因为有了这种关联互补关系，牌楼设计命名为"和合"。

牌楼的八根方柱限定了平面上的四面八方对位关系，方柱顶部的倾斜环状实体则将八根方柱串联起来，梁柱互相关联，形式和结构呈现连续的状态，共同组成一个三维的"虚空"场所，确保了空间轴线、视线引导、行为动线等的连续、延绵、渐变的特征。

牌楼总宽45m，呼应改革开放45周年；主体门高6m，表达因第六届全运会而生的源头；最高15m，寓意奔向2025第15届全运会……这些与形式相关的数字，反映了现代建筑的抽象性特征。

（3）龙鳞肌理，时代精神

倾斜的环状实体犹如飘在空中的巨龙，侧面波浪形的灯带暗示了龙鳞肌理，又像传承龙基因的DNA造型，

还像天空中明亮的河流（天河），具有多重文化意象。龙身侧面布满勒杜鹃图案，体现"公园城区、绿美天河"的城市印象。环形顶面虚拟健康跑道，并以动态光影人像来表达"健康天河"的理念。八根方柱的中间一段，展示了一系列喜庆的广州新年俚语，"要乜有乜、掂过碌蔗"，渲染广州地域民俗的节日氛围。牌楼核心铺地设计体现核心汇聚的理念，既实现引导功能，又充分贴合天河区城市发展定位，呈现功能形式内涵的多方位关联。地面上无阻断的视线和流线组织，结合连续性的整体造型，体现出建筑的流动性特征。倾斜环形体量之上，以俗世间存在的龙舟宫灯造型体现龙年主题，传达天河人在天河奋勇竞渡的时代精神；醒狮夺魁宫灯造型也同样显示出南粤人民创新争先的面貌。

整个牌楼是一个可变幻色彩的立体文化灯箱，通过光电模块控制，可展现出若干场景模式，结合投射在牌楼核心地面的移动射影灯，体现出场所的时节与流动特征。

5 和合圆满，锦绣天河

何镜堂院士认为，建筑是一个时代的写照，建筑要用自己的语言来反映所处时代的特色，表现这个日新月异时代的科技观念、哲学思想和审美观。

2024天河花市将传统文化中的色彩与方位理念，与现代化的泛光照明技术手段巧妙结合起来，完美展现了花市六天周期内全天候运行的节庆氛围。四海龙王与龙王九子的文化背景介绍及其形象简图，以十三文化灯塔的形式出现，融合了花市的档位功能介绍、安全疏散指示等功能，色彩明丽、方位清晰、简洁大气、时尚新颖。"和合"牌楼融合了和美玉盘、新年礼盒、月满珠江等文化意象，以自然元素、文化符号、现代技术创造出既传承广州花市文化，又独具国际视野的时尚视觉效果。光电技术相互协同，通过光影幻化，用现代语言传达出和合圆满、锦绣天河的理念，体现了2024天河花市文化、时尚、科技、未来、圆满、生态、环保的主旨，建构出新时代的文化载体。

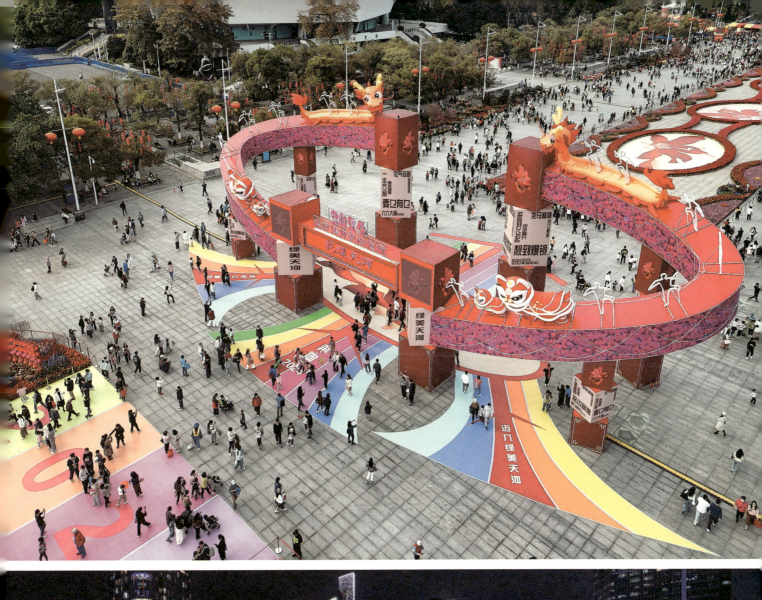

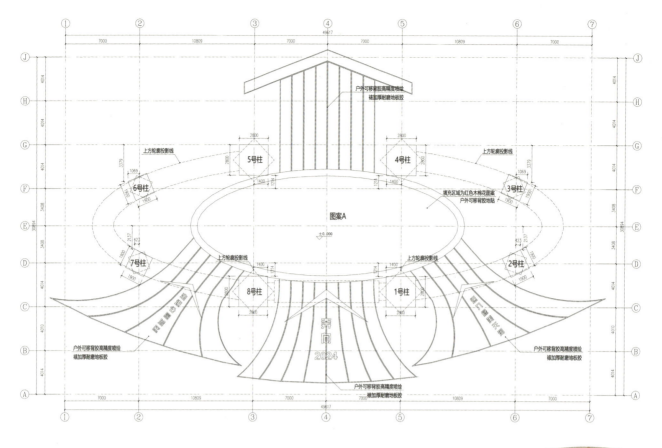

主牌楼首层平面图

图案A

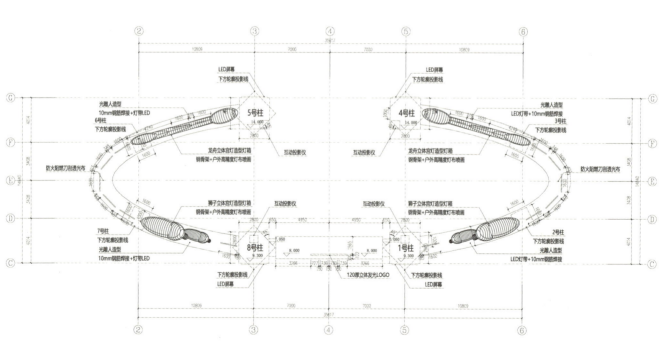

主牌楼顶层平面图

194

陈文东

建筑学博士（师从何镜堂院士，硕博连读，2008 年博士毕业）

高级工程师

华南理工大学硕士生导师

华南理工大学建筑设计研究院有限公司设计二院副院长

广东省综合评标评审专家

广东省基础与应用研究基金项目评审专家

主要从事城市大型公共建筑，特别是医疗建筑设计、校园规划及其建筑设计等

2023 年出版专著《建筑六式》（中国建筑工业出版社）

后记

1 初心何为

经常跟人聊着聊着，就会说到我一定不会忘记初心，也不想忘记初心，于是对方就会很疑惑地问我，你的初心是啥？这时候我总能找到一些托词，将我的"初心"很好地解释一番。

每当夜深人静，从喧嚣的尘世回归、面对那个孤独灵魂的时候，那个孤独的灵魂总会发问，你的初心究竟是什么？我每次总能给出一些答案，让自己安然睡去。

可当我试图拿起笔写下初心是什么的时候，我却有些迷茫和慌乱。那个孤独的灵魂总会看破我的内心，问道，你在做沽名钓誉的事？

我挣扎着反抗，翻看记忆，试图自辩。

《执器问道　追随建筑》是继《建筑六式》之后我出版的第二本书。很感谢中国建筑工业出版社的支持，在选题、成稿和出版过程中，保持着相当严格的要求，从而使这本专著具有了一定的水准。两本书的写作缘由，在前文中已有详细说明。《建筑六式》出版后，作为评选教授级高级工程师职称的主要代表作送去盲审，哈尔滨工业大学返回的盲审意见为"强烈推荐"，并在"同行专家鉴定意见书"中写下"该申请人所提供的代表性成果 1~2，包括出版的专著均具有创新性和较高的学术水平；该申请人所提供的代表性成果 3~5 为发表的学术论文，学术水平较高，具有一定的创新性；该申请人在教学方面、科学研究方面、设计实践方面均表现突出，对该申请人予以强烈推荐"。看到这样的同行评议，我非常惊讶，专家谬赞着实让我惶恐了一番。然而，得到同行专家的匿名认可和肯定，却也更加坚定了我坚持走自己道路的决心。把成果整理出书，虽说始于评职称准备支撑材料，但当我在构思《执器问道 追随建筑》这本书的时候，已然没有了《建筑六式》时的急功近利，我更加诚实地面对自己的内心，也逐渐在思考中找到了我之所以要坚持下去的动力。这似乎可以勉强敷衍孤独灵魂的发问。

他又笑着说，你这些东西并不是行业最高水平的设计，拿出来就不怕别人看穿你的水平吗？这有可能会有反作用哦！孤独灵魂的话总似把尖刀渐渐穿透心窝。

1998年，正在海丰彭湃中学念高中的我报考大学志愿的时候，虽然我从小就喜欢画画，但在土木工程和建筑学之间无法抉择，因为当时的我并不知道它们之间究竟有什么区别。跟往常一样，在人生的关键时刻，父亲总能给出决定方向："建筑学5年，土木工程4年，那当然是5年的好过4年的！"于是就这样愉快地决定了人生道路。没想到这种牵强的理由却真的为我选择了正确的路。

我从小就重文偏理，数学逻辑思维是短板，如果不幸选中土木工程，那将是人生的噩梦。玄妙的"知子莫若父"，巧妙地帮我避开了这个"坑"。5年的大学生活帮我打开了认识世界的一扇窗。就是在建筑红楼二楼的资料室里，我认识了张永和、王澍、安藤忠雄、妹岛和世、山本理显、库哈斯、扎哈、盖里、迈耶等建筑界大咖。这些早年的阅读和赏析，极大拓展了我的视野。我也看到了很多国际大师参与的大型竞赛过程文件。大师们神仙打架、各显神通，貌似成王败寇，但我往往看到许多落选方案背后的巧思与用心。我常常会想，这个项目如果换一个大师来做，结果会如何呢？大师们全新的建筑世界，对我影响深远。

2003年7月份，研究生入学前的暑假，我被师门召唤回校，参与了广州大学城广东药学院校区的设计工作，从那时开始我就再也没有停下建筑创作的脚步。边学边做、学以致用，是这一学科的特色和亮点。在具体的设计过程中，我慢慢体会到建筑设计的困难和艰辛。大师们天马行空的项目离日常生活太过遥远，我自知无能力也无机会做那些感天动地、气势恢宏的伟大项目。在经过很多挫折失败后，我用自己的方式找到一些足以应对当下状况的设计方法，也用了很大的力气才勉强完成一些项目。项目的落成无异于诞生了一个孩子，"父不嫌子丑"，这也是我尽管觉得水平一般，但仍愿厚着脸皮拿出来分享和交流的原因。我希望通过这个过程，得到更多的实践机会和教导指正，因为这对于未来的能力提升将会有莫大的助益。这本书我希望有潜在的业主阅读，通过这本书能让业主知道我的设计水平及思考内容，引发共鸣，在委托给我项目前能够全面了解我。一千个人眼里有一千个哈姆雷特，我始终相信，我的所为定会打动有缘人，搭建起信任合作的桥梁。因此，我就不再计较设计水平是否高低了，用心做好每一个项目，真诚面对现实，最好的设计一定会是下一个。

你那些微不足道的小项目能赚到钱？孤独的灵魂气急败坏地发起了最后的灵魂拷问。

真正让我体会到设计能给弱势群体带来帮助的项目，是广州市第一人民医院外部公共空间整体提升改造。改造前，环境嘈杂，交通混乱，空间环境不成体系，步行网络欠佳，人文环境欠缺；改造后，把阳光、健康、愉悦重新带回老城区的旧医院，为病患、医护及周边市民提供了良好的城市公共开放空间体验。在医院里，不管身份地位如何，都是需要被关心、关怀的对象，而设计就应该让普通人感受到关爱。通过这个项目的成功，我确实感受到原来设计有那么强大的力量，足以扭转乾坤、改变世界。项目完成后，我开始了相关研究，申请到了住房和城乡建设部的科技研发课题项目"既有大型综合医院外部公共空间更新改造示范性技术方法"，发表了一系列的文章，培养了若干研究生……这些对我的建筑观、人生观都产生了深远的影响。从这个意义上说，我的所得已经远远超过了这个只有 19 万元设计费的合同本身，它给了我更多可能。也就是从这件事开始，我重新审视了我的工作和平台，建筑师能为社会做什么，开始进入我的思考范围。也许就是因为在小项目上的孜孜以求、反复磨炼，让业主看到我和团队的实力与真诚，从而给我们以信任吧。在我们的努力下，2023 年团队也中标了 1000 床、19.8 万 m² 的中山大学附属第六医院珠吉院区项目；2024 年也拿到了 25 万 m² 的广东江南理工高级技工学校清远校区的设计合同。项目有大有小、"有肥有瘦"，如果大家都只以产值收益和项目的重要性为标尺，去衡量投入的精力，那如何能真的为社会提供发自内心的高品质设计？如果每个人都是精致的利己主义者，那建筑师的社会责任及担当又应该如何体现？孤独的灵魂无言以对。于是我们又重新陷入了沉默的对峙之中。而在这难堪的对话中，我也逐渐知道了我的初心何为：

首先，这是一份工作，得让自己和团队在现实中存活下去，需要有足够的专业技能和设计技巧，能够为业主提供适宜的设计服务。

其次，这是一个旨在让世界和生活变得更美好的创造性工作，必须能够通过设计让现实的空间环境质量得到品质提升，让美的体验得以传承。

最后，美好的空间体验不仅是停留在物质空间层面，也不仅存在于外在形式上，我更希望在建筑空间实体与空间体验者之间搭建出一个沟通的桥梁，通过物质空间的环境营造，唤起空间体验者的情感共鸣，让更多的人感受到关爱、尊重和快乐。

2 感恩知遇

从 2003 年 7 月份开始，我的建筑生涯正式启动，至今已有 22 个年头了，在这漫长的时光中，我似乎一直在等待某些贵人的出现。在这漫长的等待中，我经受各种考验、挫折、苦痛，终于在 2023 年夏天，在经过了 20 年等待和准备后，一次性遇到了生命中的三个贵人。路长且阻，但一切都是生命中最好的礼物和安排。

2023 年第一个出现的贵人是倪阳大师。20 年前我就知道倪总了，当时我刚读研究生，大家都这样称呼他。我一直默默关注和学习倪总的设计和作品。2008 年底博士毕业后，我留校工作至今，虽然我们在同一个院里工作，但并无交集。

2023 年 5 月中山大学附属第六医院珠吉院区投标，要求大师挂帅才能满足商务标的商务分要求，我找倪院帮忙，他欣然应允，从此我才第一次跟倪院有了近距离的接触。项目在倪院的指导和把控下顺利中标，中标后也进行了一系列复杂而艰巨的设计和修改，在这个深入交流的过程中，一次次刷新了我对倪大师的认识。以前只存在于传说中的倪大师在我脑海中不断清晰立体起来。正是因为倪院，我才真真切切感受到何为建筑大师的职业操守和社会责任担当，感受到何为上级对下属的关心爱护。

倪院平易近人、胸怀宽广，虽有自己独到判断和喜好，但亦会耐心倾听他人意见，每有有趣的想法提出，他都会发自内心表示赞赏和支持，并提出更优化的修改意见。接触多了，我才慢慢知道他就是传说中的"真"人——赤子之心，坦荡光明。在做设计、做人、做事方面均给了我非常大的指引和帮助。

在 2025 年天河奥体迎春花市设计上，我遇到了前所未有的阻力和压力，倪院在我最孤独无助的时候挺身而出，用实际行动给我巨大的帮助和支持，且在关键时刻替我发声解释；本书请倪院作序，他除欣然答应外，还细致入微地给我分析和点评每个项目，对书的思路、结构、内容都提出了非常多且具体的修改意见；诸如此类的关心和帮助还有很多。于倪院的大师身份和工作强度而言，他对我这些小事情随便敷衍应付一下，或者干脆不予理会都是可以理解的，但他却用了十二分的真心和诚意在帮我，让我时常感激涕零。

倪院身上这种人格魅力、这种光明特质已在我心中埋下了种子。有幸能得到大师的无私指点和帮助，是生命中非常宝贵的财富，我也希望能够将这火种传承发扬下去。

还是 2023 年火热的 5 月，以前的业主朋友蔡主任把广东某高级技工学校梁董事长介绍给我，希望能给准备建设的清远校区带来好的设计。接触之初，我曾对梁董产生怀疑：项目是否做得成？是否真的委托给我做？是否能按照我的设计来实现？一切都是未知数。不过我仍打起精神，像对待过去无数个无疾而终的项目一样，在对方没有任何承诺的情况下，展开了设计服务。这个过程持续了一年，到 2024 年 5 月终于正式签订了合同，顺利拿到合同款，才算尘埃落定。

一年来跟梁董及其顾问团队进行了无数次沟通交流，我和梁董本人也时常争论得面红耳赤，最终还是凭着坚韧不拔的专业精神赢得业主及其顾问团队的认可，同时也打败了竞争对手，获得了设计权。在长期的磨合和交锋中，我逐渐了解了梁董，并将之视为我 20 年来苦苦等待的第二个贵人。

来自南雄的梁董是个极具魄力的人，以一己之力创办了广东某高级技工学校，在民办职业院校中独树一帜，树立了良好的品牌和口碑。在拥有了广州白云区主校区和南雄校区之余，又雄心勃勃地准备在清远开办第三个校区，其长袖善舞的能力可见一斑。

梁董是个非常知道自己想要什么的人，他向我表达了他的总体需求后，就全部放手让我去做。他聘请了几位资深专家组成顾问团队，自己则当了甩手掌柜，但每次举办专家会他必会全程参与，并总能果敢拍板决策，充分体现了对专业的尊重。我的设计也在和专家顾问的汇报和交流中不断完善和提升。顾问李厅每次听完汇报后都表示赞赏和欣喜，认为我次次都有质的提升，并给他们带来惊喜。就这样一步步将设计呈现出来，没有任何一步是浪费的。最终方案也得到了清远市政府相关部门的认可和高度评价，顺利通过了报批手续并进行施工图设计，计划在 2026 年 9 月迎来首批新生。这个项目跟其他项目一样都是非常艰难的，唯一不同的就是有了梁董的高屋建瓴和保驾护航，建立了权威的顾问团队，对设计团队充分信任放权，从而使这个项目显得清新脱俗、气质非凡。梁董深谙"疑人不用，用人不疑"之道，虽给了我很多压力，但我却乐此不疲，甘愿将 20 年的经验积累和师门传承都尽数用上，以报伯乐识马之恩。

这 24 万 m² 的项目，是我从业 20 年来自己负责的最

大规模的校园建筑，也确实是在经济下行、行业萎缩的当下，梁董给我的最大信任和支持了。为此，我组建了经验丰富的施工图设计团队，以出精品的劲头投入项目中。此外，这个项目的过程及最后的成果将会记录于我的第三本书中，我和梁董也共同期待这本书的诞生。

第三个贵人不是一个人，而是一群人。所谓铁打的营盘流水的兵，从业 20 年来与数不清的同事共事过。分分合合，纷纷扬扬，各种喜怒哀乐、艰难困苦，真是一言难尽。一直到 2023 年中山六院珠吉院区项目后，我的建筑团队小伙伴才算是真正意义上凑齐了。有人天赋异禀，有人学历非凡，有人经验丰富，也有人长相特帅，但最终沉淀下来的就是目前这几位我认为可以陪我"去西天取经"的小伙伴了。在这里，学历无关紧要，智力也无关紧要，但他们对我却无条件信任，这是其他人所无法比拟的，这种神奇的信任也是很多建筑团队成功的基石。

平日里我常跟大家说，我们只是工作分工不同，并不存在明确的领导与被领导的上下级关系，是相对平等的同事关系，需要相互协作，互为补位，方能共同完成一些事情。我也尽一切可能创造机会和条件让他们尽快成长，手把手教他们各种技能和心得，使之能够尽快担当重任，统领全局。在这样的机制下，一些小伙伴显示出其非凡的担当和迎难而上的魄力，逐渐成为我的左臂右膀。借助建筑设计这个事情，大家能够有缘基于相同的价值观念，聚成一个共事的团队，是非常值得庆幸的

事情。

三个贵人中，前辈大师保驾护航，业主"大牛"提供良机，团队伙伴全情支持。有此圆满，何愁真经取不回？

3 回归本原

在漫长的求学和实践过程中，我由学生变成了建筑师，又变成了老师；既给别人设计建筑，也给自己建造了乡下的宅子。身份虽然随时间在不断切换，但始终有一个念头在心中不曾改变，那就是我要回归建筑的本原。

但，何为本原？如何回归？我真的懂吗？

对这种基本上没有标准答案的问题的思考，往往会把我带入死胡同。但是我现在能明确的是，本原一定不会是绘画，也不是效果图，甚至不是形式。

崔愷院士在介绍荣成少年宫的时候提到，把结构和空间结合起来，通过结构性材料的运用，减少不必要的装修，从而减少使用装修材料带来的能耗，实现低碳的目的。

倪阳大师在评述水南幼儿园的时候也特别提到，他非常认同用建筑自身的结构性语言来表达形体空间的做法，他认为现代建筑就要尽量避免不必要的装饰性材料的运用，必须诚实体现建筑材料的特性。

两位业界大咖的观点与现代建筑的起源紧密关联。100多年前，阿道夫·卢斯提出振聋发聩的"装饰即罪恶"的口号，举起了现代主义建筑的大旗，影响深远。虽然在当下建筑与装饰并没有那么水火不容，然而对外在形式的过度关注，已将中国建筑创作带入了另一种不理性的困局之中，使大部分建筑创作偏离了本原状态。很多所谓的博眼球设计堆砌材料，炫耀构造，形成扭扭捏捏的形体，看不出形体的逻辑性与必然性，非常热闹炫技。所幸的是，业界大咖们还是在努力坚持，并以自己的行动实践阐明回归建筑本原的立场，使我受到莫大鼓舞。

现代建筑发源之初就希望借助现代的技术手段，为解决社会问题提供全新有效的策略，这一思想为后世很多有社会责任感的建筑师所继承和发扬。日本建筑师坂茂就是一位人道主义建筑师，他开发出纸建筑，通过高超的建筑技艺为遭受自然灾害无家可归者和丧失财产者提供了志愿服务，把建筑设计与社会贡献有机关联起来，体现了很好的社会责任、社会价值和人性关爱。坂茂因他的杰出贡献于2014年获得普利兹克建筑奖。

我认为中国当代建筑师不应把自己囚困于形式的象牙塔中，在形式的天地里自娱自乐，而应尽量发挥建筑师的聪明才智，投身到火热的社会洪流中去，回应社会需求，体现社会担当，引领社会变革，回归建筑本原，提出创新设计。

建筑大师贝聿铭先生创造性地将现代建筑与地方文化有机融合，设计出一系列留名青史的建筑精品。我最近沉迷于贝老的思想与作品，深受启发。我国传统的营造经验、建造技艺，以及象天法地的理念，催生了中国大地上无数流传千古的经典，是我们取之不尽、用之不竭的宝贵财富。中国现代建筑的传承发展，需要建筑师真正走出设计院舍，走进寻常巷陌，走进炊烟乡野，走进长河断堤，走进真正火热的日常生活，体味生活的酸甜苦辣，用时代性的作品，反映时代生活。只有这样才能抛下自怨自艾的调调，回归到建筑的本原中去，成为真正的人民建筑师。这大体就是我未来要走的路吧。

4 归零出发

《执器问道　追随建筑》这本书是承上一本《建筑六式》、启下一本书的过渡之作，也是非常重要的思想转变之作，它们组成了我的"建筑探索三部曲"。从脉络上讲，《建筑六式》寻求的是常规营建的通则性方法，而本书则在空间营建六式的基础上，重点探究通过"器"的营造，唤起空间体验者情感共鸣的建筑精神性的方法，意图在物（空间）与人之间架构得宜的桥梁，总体而言，具有泛指性的理论与实践方法思考。在我的建筑知识体系里，建筑必须是在地建设的成果，因而这第三本书，就是要讨论如何将前面两本书的理论与方法，运用在岭南地区的个体实践案例中，进行探索性实践的总结与反思。

我是个幸运的人。在写这第二本书的时候，手上有两个项目正在落地中，一个项目就是前面提到的广东江南理工高级技工学校清远校区。目前正在进行一期施工图设计，预计今年开工建设。另一个项目是 2025 年天河奥体迎春花市，这是一个跨界设计，类似公共事件行为策划的工作，但具体又与规划、建筑、景观相关联。我会将这两个实践案例的缘起、构思、设计、建造、反馈等全过程记录下来，验证和深化前两本书探讨的建筑理念，以期有更多更有趣的发现。

反观这 20 多年来的创作实践，项目多数不具备明确的延续性，业主也不具备连续性，设计也几乎没有可重复性，唯一能传承的无非是这一过程中积累出来的经验和教训，以及在这个过程中培养起来的人才。所以我希望在项目结束后，进行系统的梳理和总结，以期对未来工作的进一步提升有更多助益。

而说归零后再重新出发，亦是希望未来的工作和思想能不被已有的经验所困，使每次创作均有新的高度。

行文至此，我真心感激能够有耐心看到这里的读者，所以我想分享我的感受，也是我的秘诀——真心做你喜欢、热爱的事，这样你就能够心无旁骛，直达理想的彼岸。

图书在版编目（CIP）数据

执器问道　追随建筑 / 陈文东著 . -- 北京 : 中国建筑工业出版社 , 2025. 10. -- ISBN 978-7-112-31244-3

Ⅰ . TU-53

中国国家版本馆 CIP 数据核字第 2025PX0893 号

责任编辑：刘　静　徐　冉
责任校对：王　烨

执器问道　追随建筑

陈文东　著

*

中国建筑工业出版社出版、发行（北京海淀三里河路 9 号）
各地新华书店、建筑书店经销
北京海视强森图文设计有限公司制版
北京富诚彩色印刷有限公司印刷

*

开本：880 毫米 × 1230 毫米　1/16　印张：13　字数：344 千字
2025 年 7 月第一版　2025 年 7 月第一次印刷
定价：**168.00** 元（含增值服务）
ISBN 978-7-112-31244-3
（45232）

如有内容及印装质量问题，请与本社读者服务中心联系
电话：（010）58337283　QQ：2885381756
（地址：北京海淀三里河路 9 号中国建筑工业出版社 604 室　邮政编码：100037）

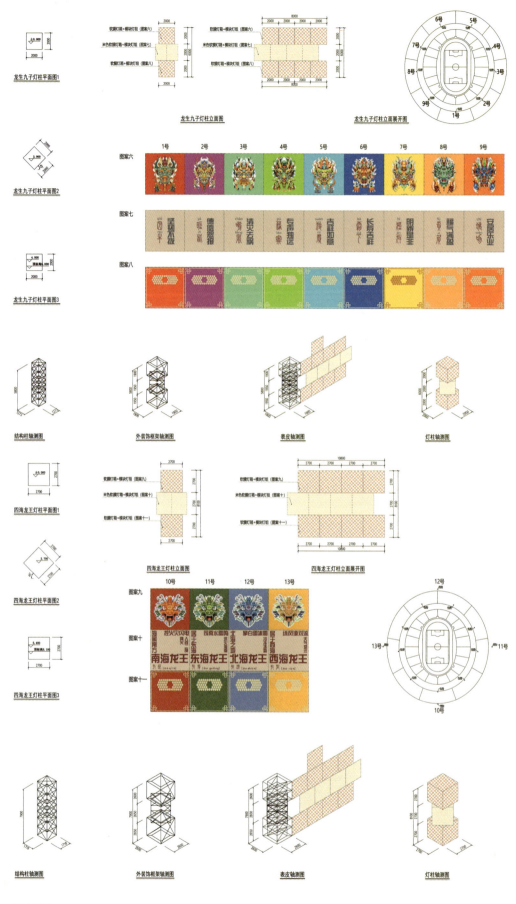

龙生九子灯柱平面图1

龙生九子灯柱平面图2

龙生九子灯柱平面图3

结构柱轴测图

外装饰框架轴测图

表皮轴测图

灯柱轴测图

四海龙王灯柱平面图1

四海龙王灯柱平面图2

四海龙王灯柱平面图3

结构柱轴测图

外装饰框架轴测图

表皮轴测图

灯柱轴测图

设计图纸